机电专业"十三五"规划教材

# 电力系统安装与调试

主　编　杨一平　穆亚辉　薛海峰
副主编　刘煜辉　张芝雨　毋丽丽
　　　　张　婧　兰如波
主　审　杨富营　李　娜

U0222066

哈尔滨工程大学出版社
Harbin Engineering University Press

## 内容简介

本书在编写过程中，注重理论联系实际的原则，在总结、吸取国内外同类教材经验的基础上，更加注重理论上的系统性和工程上的实用性，采用项目式的方法编写，介绍了电气工程采用的最新设备、最新知识，并把现代供电技术的最新应用融入其中。本书在内容编排上，注重理论教学和工程实际相结合，力求做到重点突出，实践性强。

本书可作为应用型本科、职业院校机电类和电类相关专业及成人高校相应专业的教材，也可作为相关工程技术人员的参考用书，以及作为岗前培训教材。

## 图书在版编目（CIP）数据

电力系统安装与调试 / 杨一平，穆亚辉，薛海峰主编. -- 哈尔滨：哈尔滨工程大学出版社，2018.12（2023.8 重印）
ISBN 978-7-5661-2190-5

Ⅰ．①电… Ⅱ．①杨… ②穆… ③薛… Ⅲ．①电力系统－安装－高等学校－教材②电力系统－调试方法－高等学校－教材 Ⅳ．①TM7

中国版本图书馆 CIP 数据核字（2018）第 295865 号

选题策划　章银武
责任编辑　张　彦
封面设计　赵俊红

出版发行　哈尔滨工程大学出版社
社　　址　哈尔滨市南岗区南通大街 145 号
邮政编码　150001
发行电话　0451-82519328
传　　真　0451-82519699
经　　销　新华书店
印　　刷　廊坊市广阳区九洲印刷厂
开　　本　787 mm×1 092 mm　　1/16
印　　张　15
字　　数　366 千字
版　　次　2018 年 12 月第 1 版
印　　次　2023 年 8 月第 1 次印刷
定　　价　45.00 元
http://www.hrbeupress.com
E-mail：heupress@hrbeu.edu.cn

# 前　言

本书在编写中，遵循理论联系实际的原则，在总结、吸取国内外同类教材经验的基础上，更加注重理论上的系统性和工程上的实用性。在内容编排上，注重理论教学和工程实际相结合，力求做到重点突出，实践性强，介绍了大量电气工程采用的最新设备、最新知识，并把现代供电技术的最新应用融入其中。通过学习，学生能够掌握电力系统的基本知识和理论，初具供配电系统的运行、管理和工程设计能力，以及分析和解决问题的能力。本书的特点如下。

（1）本书重视基础知识和基本原理的阐述，理论知识以"必须、够用"为度，强调实际应用。

（2）本书叙述简明扼要，深入浅出，富于启发性、实用性。

（3）本书内容叙述结合形象的图片，通俗易懂。

（4）本书介绍了大量的工程实例，非常贴近实际。

（5）本书的电器元件图形和文字符号都采用最新国家标准。

本书计划讲授 72 学时，由于各学校培养方案不同，对学生的供配电知识和能力的要求也不同，各校可根据教学要求做相应增减，有些章节和内容可通过自学、参观、实习或课程设计完成。

本书由许昌职业技术学院的杨一平、穆亚辉和包头铁道职业技术学院的薛海峰担任主编，由许昌职业技术学院的刘煜辉、张芝雨、毋丽丽、张婧和广西电力职业技术学院的兰如波担任副主编。其中，杨一平编写了项目 1、项目 7 和项目 9，穆亚辉编写了项目 5、项目 14 和项目 16，薛海峰编写了项目 10，刘煜辉编写了项目 8，张芝雨编写了项目 3 和项目 4，毋丽丽编写了项目 2 和项目 15，张婧编写了项目 6、项目 12 和项目 13，许昌市建安区农机局韩阿丽工程师编写了项目 11，兰如波编写了项目 17。本书由杨一平负责统稿和编写组织工作，由许昌职业技术学院杨富营、李娜担任主审工作，国家电网杜剑波高级工程师对本书的编写工作提出了很多宝贵的意见。

本书可作为应用型本科、职业院校机电类和电类相关专业及成人高校相应专业的教材，也可作为相关工程技术人员的参考用书，以及作为岗前培训教材。

本书在编写过程中，难免有疏漏和不当之处，敬请各位专家及读者不吝赐教。

编　者

# 前　言

# 目 录

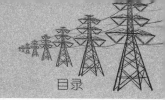

# 项目1 电力系统基本知识

⚡ **知识目标**

☞ 了解电力系统的基本结构；
☞ 掌握电力系统中的发电厂、电力线路、供电所、变电所、配电所的电压变化关系；
☞ 熟悉电力系统的组成、功能。

⚡ **技能目标**

☞ 对实际电力系统形成感性认识；
☞ 识读电力系统图。

## 1.1 项目导入

一个完整的电力系统如图 1-1 所示，主要组成部分是变电站和电力线路，变电站又分为升压变电站和降压变电站，电力线路又分为输电线路和配电线路，本项目以图片的形式说明了电力系统的设备之间的电压变换关系。

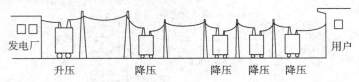

**图 1-1 电力系统的结构与组成**

## 1.2 项目分析

图 1-2 直观地说明了电力系统的电压变化关系是先升压、后降压的过程，通过电压变化，把电能输送给用户。

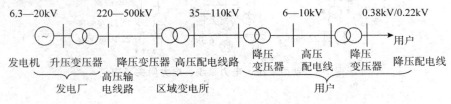

**图 1-2 电力系统的电压变化关系**

与本项目相关的知识分别有发电过程、变电过程、输电过程、配电过程及电压变化情况等。

# 1.3 知识链接

为了充分利用动力资源，降低发电成本，发电厂往往远离城市和电能用户，因此，这就需要输送和分配电能，将发电厂发出的电能经过升压、输送、降压和分配，最终送到用户，即构成了一个完整的电力系统。

## 1.3.1 动力系统、电力系统、电力网

电能的生产、输送、分配和使用的全过程，实际上是同时进行、在同一时间完成的，但不能大量储存，因此各环节必须连成一个整体，即发电厂任何时刻生产的电能等于该时刻用电设备消耗的电能与输送、分配中损耗的电能之和。

动力系统是指电力系统加上发电厂的"动力部分"。所谓"动力部分"，包括水力发电厂的水库、水轮机，热力发电厂的锅炉、汽轮机、热力网和用电设备，以及核电厂的反应堆，等等，它是将电能、热能的生产与消费联系起来的纽带。

电力系统是由发电厂的发电部分、变电所、电力线路和电能用户组成的一个整体，它的功能是完成电能的生产、输送和分配。电力系统的发电厂并列运行，共同向电力系统提供电能。

电力网是电力系统的一个组成部分，而电力系统又是动力系统的一个组成部分，这三者的关系，如图 1-3 所示。

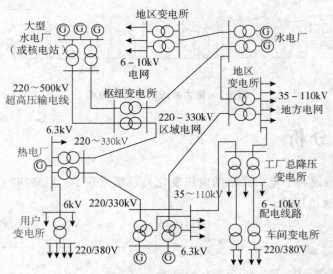

图 1-3 动力系统、电力系统、电力网关系图

### 1.3.2　发电厂及发电厂的分类

发电厂又称发电站，是将自然界蕴藏的各种一次能源转换为电能（二次能源）的企业。

发电厂根据所利用的一次能源的不同，可分为火力发电厂、水力发电厂和核能发电厂，此外，还有风力发电厂、地热发电厂、潮汐发电厂和太阳能发电厂等类型。

### 1. 火力发电厂

火力发电厂简称火电厂，它利用燃料的化学能来生产电能。我国的火电厂以燃煤为主。为了提高燃煤效率，都将煤块粉碎成煤粉燃烧。煤粉在锅炉的炉膛内充分燃烧，将锅炉内的水烧成高温高压的蒸汽，推动汽轮机叶片旋转，带动发电机旋转发电，煤产生的废气从烟囱排出，火力发电厂的发电设备如图 1-4 所示。

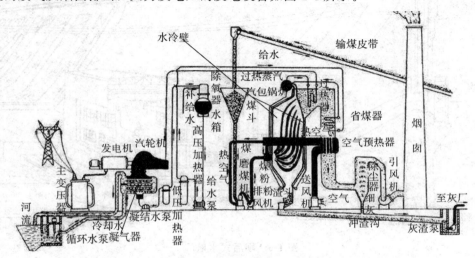

**图 1-4　火力发电的过程**

火力发电能量转换过程如下：

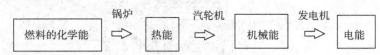

火力发电能量转换过程，如图 1-5 所示。

化学能　　　　化学能转化成热能　　热能转换成机械能，再转换
（原煤）　　　　（锅炉）　　　　成电能（汽轮机、发电机）

**图 1-5　火力发电能量转换过程**

现代火电厂一般都根据环保要求，考虑了"三废"（废水、废汽、废渣）的综合利

用；有的不仅发电，而且供热。兼供热能的火电厂，称为热电厂。

### 2. 水力发电厂

水力发电厂简称水电厂或水电站，是把水的位能和动能转换成电能的企业，它利用水流的位能来生产电能。基本生产过程：从河流较高处或水库内引水，利用水的压力或流速带动水轮机旋转，将水能转变成机械能，然后由水轮机带动发电机旋转，将机械能转变为电能，当控制水流的闸门打开时，水流沿进水管进入水轮机蜗壳室，冲动水轮机，带动发电机发电，其发电方式常见的有坝后式发电和河床式发电两种，如图1-6和图1-7所示。

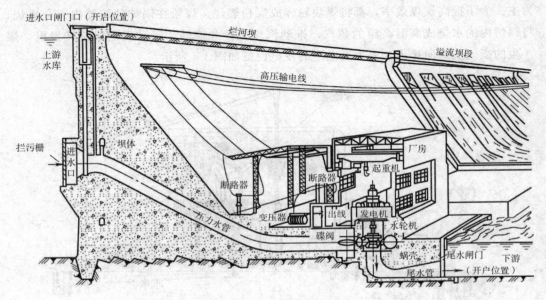

图 1-6  坝后式水电厂

河床式水电厂如图1-7所示。

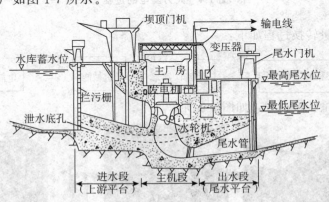

图 1-7  河床式水电站厂

### 3. 核能发电厂

核能（原子能）发电厂通称核电站，它主要是利用原子核的裂变能来生产电能。其能量转换过程如下：

其核裂变过程，当中子撞击铀原子核的原子时，会产生核裂变，原子核会分裂成碎片而释放出大量能量，分裂的结果又产生更多中子，因此造成更多的铀原子分裂，连锁分裂反应产生，巨大的能量也因此产生。核裂变过程如图1-8所示。

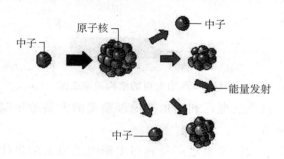

**图1-8 核裂变过程**

其生产过程与火电厂基本相同，只是以核反应堆（俗称原子锅炉）代替燃煤锅炉，以少量的核燃料代替大量的煤炭，核子反应炉心内的铀原料分裂产生巨大热能，气体或液体冷却剂可将这些热量带到蒸汽发电机。核能发电系统如图1-9所示。

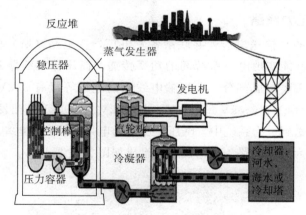

**图1-9 核能发电系统**

## 4. 风力发电厂

风力发电厂利用风力的动能来生产电能。它建在有丰富风力资源的地方。电力电子技术在风力发电技术中起到了重要作用，尤其是电力电子技术对于恒定速度/可变速度风力涡轮机和与电网的接口技术至关重要。变速风力发电机组根据风速变化，使机组保持最佳叶尖速比，从而获得最大风能，另外变速风力发电动机组与电网实现了柔性连接，大大减少了机械冲击和对电网的冲击，采用变速风力发电动机组已成为风力发电动机组的主流。风力发电的结构和原理如图1-10所示。

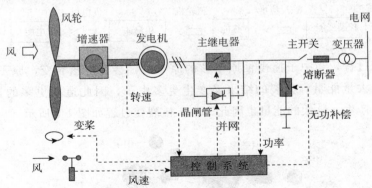

**图 1-10　风力发电的结构和原理图**

（5）地热发电厂。地热发电厂利用地球内部蕴藏的大量地热能来生产电能。它建在有足够地热资源的地方。

（6）太阳能发电厂。太阳能发电厂是利用太阳光能或太阳热能采生产电能。利用太阳光能发电，是通过光电转换元件如光电池等直接将太阳光能转换为电能，这已广泛应用于人造地球卫星和宇航装置上。

### 1.3.3　输配电线路和变电所

#### 1. 高压送电电力线路

送电线路的任务是输送电能，并联络各发电厂，变电站（所）使之并列运行，实现电力系统联网，并能实现电力系统间的功率传递。高压输电线路是电力工业的大动脉，是电力系统的重要组成部分。我国输电线路的电压等级有 35kV、66kV、110kV、154kV、220kV、330kV、500kV、750kV、±800kV、1000kV；把发电厂生产的电能，经过升压变压器输送到电力系统中，降压变压器的电力线路和用电单位的 35kV 及以上的高压电力线路称为送电线路。送电线路的组成如图 1-11 所示。

**图 1-11　高压送电线路的结构**

#### 2. 总降压变电所

总降压变电所为企业电能供应的枢纽。它将 35kV～110kV 的外部供电电源电压降为 6kV～10kV 高压配电电压，供给高压配电所、车间变电所和高压用电设备使用。总降压变电所如图1-12所示。

图1-12　总降压变电所

### 3. 高压配电所

高压配电所集中接受6kV～10kV电源电压，再分配到附近各车间变电所或建筑物变电所和高压用电设备。一般负荷分散、厂区大的大型企业设置高压配电所。高压配电所室外部分和室内部分如图1-13和图1-14所示。

图1-13　高压配电所室外部分　　　　图1-14　高压配电所室内部分

### 4. 企业变电所

企业变电所是电力系统的电能用户，也是电力系统的重要组成部分。企业变电所的室内部分和室外下线部分分别如图1-15和图1-16所示。

图 1-15　企业变电所的室内部分　　　　图 1-16　室外下线部分

### 5. 配电线路

配电线路分为 6kV～10kV 厂内高压配电线路和 380V/220V 厂内低压配电线路。高压配电线路将总降压变电所与高压配电所、车间变电所或建筑物变电所和高压用电设备连接起来。低压配电线路将车间变电所的 380V/220V 电压送至各低压用电设备。配电线路如图 1-17 所示。

图 1-17　配电线路图

### 6. 车间变电所或建筑物变电所

车间变电所或建筑物变电所将 6kV～10kV 电压降为 380V/220V 电压，供低压用电设备用。车间变电所如图 1-18 所示。

图 1-18　车间变电所

#### 7. 用电设备

用电设备按用途可分为动力用电设备、工艺用电设备、电热用电设备、试验用电设备和照明用电设备等。

应当指出，对于某个具体的供配电系统，可能上述各部分都有，也可能只有其中几个部分，这主要取决于电力负荷的大小和厂区的大小。不同的供配电系统，不仅组成不完全相同，而且相同部分的构成也会有较大的差异。通常大型企业都设总降压变电所，中小型企业仅设全厂 6kV～10kV 变电所或配电所，某些特别重要的企业还设自备发电厂作为备用电源。

### 1.3.4 电力系统的参数额定值

#### 1. 电压额定值

（1）额定电压（UN）。能使受电器（电动机、白炽灯等）、发电机、变压器等正常工作的电压，称为电气设备的额定电压。当电气设备按额定电压运行时，一般可使其技术性能和经济效果为最好。

（2）平均额定电压。工程实际中，电网由始端到末端的各处电压是不一样的，离电源越远处的电压越低，并且随用户负荷的变化而变化。图 1-19 表示由一台变压器通过配电线路对三个用户供电，电网的额定电压为 $U_N$，由于线路上有电压损失，必然出现 $U_1 > U_N$、$U_3 < U_N$ 及 $U_2 \approx U_N$ 的情况，即该线路各处电压都不相等。在供电设计尤其是在短路电流计算时，为了简化计算且使问题的处理在技术上合理，习惯上用线路的平均额定电压（$U_{av}$）来表示电力网的电压。$U_{av}$ 是指电网始端的最大电压（变压器最大空载电压）和末端受电设备额定电压的平均值，例如额定电压为 10 kV 的电网，其平均额定电压为

$$U_{av} = \frac{11 + 10}{2} = 10.5 \text{ kV} \tag{1-1}$$

在电力系统中，各种标准电压等级的平均额定电压分别为 0.23 kV、0.4 kV、6.3 kV、10.5 kV、37 kV、115 kV、230 kV 等。供电线路上电压的变化如图 1-19 所示。

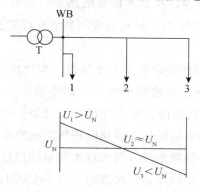

**图 1-19 供电线路上电压的变化**

①电力线路的额定电压。电力线路（或电网）的额定电压等级是国家根据国民经

济发展的需要及电力工业的水平，经全面技术经济分析后确定的。它是确定各类用电设备额定电压的基本依据。

②用电设备的额定电压。由于用电设备运行时，电力线路上要有负荷电流流过，因而在电力线路上引起电压损耗，造成电力线路上各点电压略有不同，如图 1-20 的虚线所示。但成批生产的用电设备，其额定电压不可能按使用地点的实际电压来制造，而只能按线路首端与末端的平均电压，即电力线路的额定电压 $U_N$ 来制造。所以用电设备的额定电压规定与同级电力线路的额定电压相同。

③发电机的额定电压。由于电力线路允许的电压损耗为 ±5%，即整个线路允许有 10% 的电压损耗，因此，为了维护线路首端与末端平均电压的额定值，线路首端（电源端）电压应比线路额定电压高 5%，而发电机是接在线路首端的，所以规定发电机的额定电压高于同级线路额定电压 5%，用以补偿线路上的电压损耗，如图 1-20 所示。

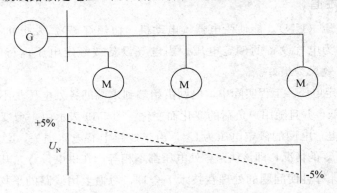

图 1-20　用电设备和发电机的额定电压

④电力变压器的额定电压

a. 电力变压器一次绕组的额定电压。当电力变压器直接与发电机相连，如图 1-21 的变压器 $T_1$，则其一次绕组的额定电压应与发电机额定电压相同，即高于同级线路额定电压 5%。

当变压器不与发电机相连，而是连接在线路上，在电力系统的末端，相当于电网的负载，如图 1-21 中的变压器 $T_2$，则可将变压器看作线路上的用电设备，因此其一次绕组的额定电压应与线路额定电压相同。

b. 电力变压器二次绕组的额定电压。变压器二次绕组的额定电压是指变压器一次绕组接上额定电压而二次绕组开路时的电压，即空载电压。而变压器在满载运行时，二次绕组内约有 5% 的阻抗电压降。电力变压器二次绕组额定电压均高出 10% 的电压用来补偿正常负载时变压器内部阻抗和线路阻抗所造成的电压损失。

如果变压器二次侧供电线路很长（例如较大容量的高压线路），则变压器二次绕组额定电压，一方面要考虑补偿变压器二次绕组本身 5% 的阻抗电压降，另一方面还要考虑变压器满载时输出的二次电压要满足线路首端应高于线路额定电压的 5%，以补偿线路上的电压损耗。所以，变压器二次绕组的额定电压要比线路额定电压高 10%，见图

1-21 中变压器 $T_1$。

如果变压器二次侧供电线路不长（例如为低压线路或直接供电给高、低压用电设备的线路），则变压器二次绕组的额定电压只需高于其所接线路额定电压 5%，即仅考虑补偿变压器内部 5% 的阻抗电压降，见图 1-21 中变压器 $T_2$。

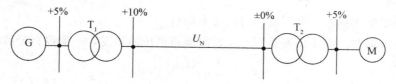

**图 1-21　电力变压器一、二次额定电压说明图**

### 2. 电流额定值

电气设备的额定电流是指在一定的基准环境下，允许连续通过设备的长时最大工作电流，在该电流的作用下，设备的载流部分与绝缘的最高温度不超过规定的允许值。我国采用的基准环境温度如下：

电力变压器和电器（周围空气温度）　　　　　　40℃；

发电机（冷却空气温度）　　　　　　　　　　　35～40℃；

裸导线、绝缘导线和裸母线（周围空气温度）　25℃；

电力电缆空气中敷设　　　　　　　　　　　　30℃；

直埋敷设　　　　　　　　　　　　　　　　　25℃。

对于发电机和变压器等，还规定了它们的额定容量，其条件与额定电流相同。由于发电机由原动机拖动，只提供有功功率，所以发电机的额定容量用有功功率（kW 或MW）与功率因数来表示。

电力变压器作为供电设备，其容量若用有功功率表示，则不能反应其针对不同功率因数的供电能力，显然，负荷功率因数低时，其有功输出降低，要维持一定的有功功率则必须增大总电流，所以电力变压器的额定容量常用视在功率表示，这样便于各种设计参数的确定。计算或使用时，在一定的功率因数条件下，它允许的有功功率输出也就被限定了。

### 3. 容量额定值 $P_e$、$S_e$、$\cos\varphi$

用电设备的铭牌上都有一个"额定功率"，但是由于各用电设备的额定工作条件不同（例如有的是长期工作制，有的是反复短时工作制），因此这些铭牌上规定的额定功率就不能直接相加来作为用户的电力负荷，而必须首先换算成同一工作制下的额定功率，然后才能相加。经过换算至统一规定的工作制下的"额定功率"称为设备容量，用 $P_e$ 表示。

$$S_e = U_e I_e \tag{1-2}$$

$$P_e = U_e I_e \cos\varphi_e \tag{1-3}$$

### 1.3.5 电力系统的主要参数指标

供电质量的主要指标有电压、频率、波形、供电的连续性。

#### 1. 电压

电压是以电压偏差、电压波动与闪变来衡量。

（1）电压偏差。电压偏差是指电压偏离额定电压的幅度，一般以百分数表示，即

$$\Delta V\% = \frac{U - U_N}{U_N} \times 100\% \tag{1-4}$$

式中，$\Delta V\%$ 为电压偏差百分数；$U$ 为实际电压；$U_N$ 为额定电压。

①电压降与电压损失。当三相交流电流（或功率）在线路中流过时，线路上会产生电压降。终端有一集中负荷的三相线路，如图 1-22 所示。设各相负荷平衡，则可以终端相电压 $U_2$ 为基准，作出一相的电压相量图。

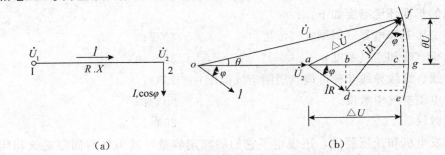

（a）　　　　　　　　　　　（b）

**图 1-22　计算线路上的电压降和电压损失**

（a）电路图；（b）相量图

图中始端电压 $\dot{U}_1$ 与终端电压 $\dot{U}_2$ 的相量差称为电压降，用 $\Delta\dot{U}$ 表示。取 $\Delta\dot{U}$ 在 $\dot{U}_2$ 水平方向的投影 $\Delta U$ 为电压降的水平分量，$\Delta\dot{U}$ 在 $\dot{U}_2$ 垂直方向上的投影 $\theta U$ 为电压降的垂直分量，则有

$$\Delta U = ab + bc = IR\cos\varphi + IX\sin\varphi$$
$$\theta U = ef - ce = IX\cos\varphi - IR\sin\varphi \tag{1-5}$$

因此该系统的电压关系式为

$$\dot{U}_1 = \dot{U}_2 + \Delta\dot{U} = (U_2 + \Delta U) + j\theta U \tag{1-6}$$

或

$$U_1^2 = (U_2 + \Delta U)^2 + \theta U^2 = (U_2 + IR\cos\varphi + IX\sin\varphi)^2 + (IX\cos\varphi - IR\sin\varphi)^2 \tag{1-7}$$

若以功率的形式表示则为

$$U_1^2 = (U_2 + \frac{PR}{U} + \frac{QX}{U})^2 + (\frac{PX}{U} - \frac{QR}{U})^2 \tag{1-8}$$

式中，$P - UI\cos\varphi$；$Q - UI\sin\varphi$；$U$ 为相电压。

式（1-7）同样适用于三相对称系统，此时电压均为线电压，功率均为三相功率。

电压降两个分量的表达式分别为

$$\Delta U = \frac{PR + QX}{U} \tag{1-9}$$

$$\theta U = \frac{PX - QR}{U} \tag{1-10}$$

在工程实际中，特别是在工矿企业的供电系统中，一般只注重电压幅值的大小，而电压相位角 $\theta$ 只在讨论系统稳定性时才予以重视。从图 1-22（b）中可以看出，由于 $\theta$ 角很小，$ac \approx ag$，以 $ac$ 代替 $ag$ 所引起的误差一般达不到 $ag$ 的 5%，在实际应用中也是如此，这样式（1-6）就简化为

$$U_1 = U_2 + \frac{PR + QX}{U} \tag{1-11}$$

在高压供电系统中，线路电阻相对较小。如果忽略电阻的影响，即令 $R \approx 0$，则式（1-11）可进一步简化为

$$U_1 = U_2 + \frac{QX}{U} \tag{1-12}$$

由式（1-5）可以得出，当 $R \approx 0$ 时，电压降的水平分量 $\Delta U$ 只与线路无功功率有关，电压降的垂直分量只与有功功率有关，这是高压电网的重要特点。所以，改善系统的无功功率分布，减少企业配电线路中的无功功率输送，可以减少系统电压降，提高企业供电系统的电压质量。

将上述电压降的概念推广，电压降即线路两端电压的相量差 $\Delta \dot{U} = \dot{U}_1 - \dot{U}_2$，而线路两端电压的幅值差（$\Delta U = U_1 - U_2$）称为电压损失，它近似等于电压降的水平分量。电压损失常用它对额定电压 $U_N$ 的百分比来表示，称为电压损失百分值。其表达式为

$$\Delta U\% = \frac{U_1 - U_2}{U_N} \times 100\% \tag{1-13}$$

②电压偏移及危害。电力负荷的大小是变动的，当最大负荷时，电网内电压损失增大，使用电设备的端电压降低；反之则升高。因此，用电设备的端电压是随电力负荷的变化而变化的，这种缓慢变化的实际电压 $U$ 与额定电压之差称为电压偏移 $\delta U$，即

$$\delta U = U - U_N \tag{1-14}$$

$\delta U > 0$ 为正偏移，$\delta U < 0$ 为负偏移。与电压损失一样，电压偏移一般也用它对额定电压的百分比来表示，称为电压偏移百分值。其表达式为

$$\delta U\% = \frac{U - U_N}{U_N} \times 100\% \tag{1-15}$$

用电设备所受的实际电压若偏离其额定电压，运行特性即恶化。对于白炽灯，若在 $90\% U_N$ 下运行，其使用期限有所增加，但光通量降为额定电压时的 68% 左右；反之，在 $110\% U_N$ 下运行时，其光通量增加 40%，但使用期限大大缩短。对于感应电动机，其转矩与电压的平方成正比；当电压降低 10%，转矩则降低到 81%，使电动机难以带负荷起动。电焊机的电压偏移也仅允许在有限的 5%～10% 范围内，否则将影响焊

接质量。

《供配电系统设计规范》（GB50052—1995）规定，正常运行情况下，用电设备端子处电压偏移的允许值如下：

● 电动机：±5%。

● 照明灯：一般工作场所±5%；在视觉要求较高的室内场所+5%，−2.5%；在远离变电所的小面积一般工作场所，难以满足上述要求时为+5%、−10%，如应急照明、道路照明和警卫照明等。

● 其他无特殊规定的用电设备：±5%。变压器分接头开关设置在−5%的位置，在非工作班时为了防止电压过高，可切除部分变压器，改用低压联络线供电；对于两台主变压器并列运行的变电所，在负荷轻时切除一台变压器，同样可以起到降低过高压的作用，并可与变压器的经济运行综合考虑。

● 采用无功功率补偿装置。由于用户存在大量的感性负荷，供电系统产生大量的相位滞后的无功功率，降低了功率因数，增加了系统的电压降；采用并联电容器法可以产生相位超前的无功功率，减小了线路中的无功输送，也就减小了系统的电压降。

● 采用有载调压变压器。利用有载调压变压器可以根据负荷的变动及供电电压的实际水平而实现有效的带负荷调压，在技术上有较大的优越性，但一般只应用于大型枢纽变电所，它可使一个地区内大部分用户的电压偏移符合规定。对于个别电压质量要求高的重要负荷，可考虑设置小型有载调压变压器。

不同电压等级的电压波动允许值如表 1-1 所示。

表 1-1　不同电压等级的电压波动允许值

| 额定电压/kV | 电压波动允许值 $\delta U$/% |
| --- | --- |
| 10 及以下 | 2.5 |
| 35～110 | 2.0 |
| 220 及以上 | 1.6 |

### 2. 频率

频率的质量是以频率偏差来衡量。我国采用的额定频率为 50Hz，在正常情况下，频率的允许偏差，根据电网的装机容量而定；事故情况下，频率允许偏差更大。频率允许偏差如表 1-2 所示。

表 1-2　频率允许偏差

| 运行情况 | | 频率允许偏差/Hz |
| --- | --- | --- |
| 正常运行 | 300 万千瓦及以上 | ±0.2 |
| | 300 万千瓦以下 | ±0.5 |
| 非正常运行 | | ±1.0 |

**3. 波形**

（1）波形的质量。波形的质量是以正弦电压波形畸变率来衡量的。

在理想情况下，电力系统中的发电机发出的电压，一般可认为是 50Hz 的正弦波，但是由于系统中有各种非线性元件存在，因而在系统中和用户处的线路中出现了高次谐波，使电压或电流波形发生一定程度的畸变，除基波外，还有各项谐波。例如荧光灯、高压汞灯、高压钠灯等气体放电灯及交流电动机、电焊机、变压器和感应电炉等，都要产生高次谐波电流。最为严重的是晶闸管等大型整流设备和大型电弧炉，它们产生的高次谐波电流最为突出，是造成电力系统中谐波干扰最主要的"谐波源"。

（2）高次谐波。高次谐波是指对周期性非正弦波形按傅里叶方法分解后所得到的频率为基波频率整数倍的所有高次分量，而基波频率就是 50Hz。高次谐波简称"谐波"。

**4. 供电可靠性**

供电可靠性是以对用户停电的时间及次数来衡量的。它常用供电可靠率 $K_{rel}$ 表示，即实际供电时间与统计期全部时间的比值的百分数表示。

$$K_{rel} = \frac{T_y}{T_s} \times 100\% \tag{1-16}$$

$$T_y = T_s - T_t , T_t = \sum_{i=1}^{n} t_i \tag{1-17}$$

式中，$T_y$ 为统计期实际供电时间之和，h；$T_s$ 为统计期全部时间，h；$T_t$ 为统计期内停电时间之和，h；$t_i$ 为统计期内每次停电时间，h。

停电时间应包括事故停电、计划检修停电及临时性停电时间。

# 1.4　项目实施

任务：通过参观总变电站、各分变电站、开闭所和变电所，绘制一个从发电厂开始的 800kV/380V、220V 变电过程的高低压电力系统的框图。

**1. 讨论并确定实施方案**

（1）根据组织学生分组讨论，形成若干种方案。

（2）各组代表发言表述该组的设计方案，组织全体学生共同探讨该组方案的可行性、可靠性、经济性。

（3）点评各组方案的优缺点，解决该项目。

（4）帮助学生理解电力系统基本知识工作原理。

（5）帮助学生理解电力系统基本知识电气控制的接线、安装、调试、运行、维护、保养。

（6）各组根据讨论结果进行修正方案。

（7）绘出电力系统的框图，给出方法。

**2. 方案实施过程**

（1）依据自己的方案绘制电力系统电气控制的框图。

（2）选择电力系统基本知识电气控制电路控制元件，并会使用、维修。

（3）电力系统基本知识电气控制的接线、安装、调试、运行、维护、保养。

### 3. 项目完成效果评价

（1）组织全体学生共同分享各组项目成果。

（2）选择观测点，看是否完成项目功能要求，查找原因。

（3）对方案的合理性、可靠性进行评价。

（4）抛出教师方案，引导学生进一步理解解决该方案的方法和技巧，让其再次修正自己的方案。

# 1.5　知识拓展

## 1.5.1　高压直流输电技术

高压直流输电技术用于通过架空线和海底电缆远距离输送电能；同时在一些不适于用传统交流连接的场合，它也被用于独立电力系统间的连接。

高压直流输电技术用于远距离或超远距离输电，因为它相对传统的交流输电更经济。

应用高压直流输电系统，电能等级和方向均能得到快速精确的控制，这种性能可提高它所连接的交流电网性能和效率，直流输电系统已经被普遍应用。

高压直流输电是将三相交流电通过换流站整流成直流电，然后通过直流输电线路送往另一个换流站逆变成三相交流电的输电方式。它基本上由两个换流站和直流输电线组成，两个换流站与两端的交流系统相连接。

直流输电线造价低于交流输电线路，但换流站造价却比交流变电站高得多。一般认为架空线路超过 600～800km，电缆线路超过 40～60km，直流输电较交流输电经济。随着高电压大容量可控硅及控制保护技术的发展，换流设备造价逐渐降低直流输电近年来发展较快。我国葛洲坝—上海 1100km、±500kV，输送容量的直流输电工程，已经建成并投入运行。此外，全长超过 2000km 的向家坝—上海直流输电工程也已经完成，于 2010 年 7 月 8 日投入运行。该线路是目前（截至 2011 年初）世界上距离最长的高压直流输电项目。

## 1.5.2　柔性直流输电技术

柔性直流输电技术与基于相控换相技术的电流源换流器型高压直流输电不同，柔性直流输电中的换流器为电压源换流器（VSC），其最大的特点在于采用了可关断器件（通常为 IGBT）和高频调制技术。通过调节换流器出口电压的幅值和与系统电压之间的功角差，可以独立地控制输出的有功功率和无功功率。这样，通过对两端换流站的控制，就可以实现两个交流网络之间有功功率的相互传送，同时两端换流站还可以独立调节各自所吸收或发出的无功功率，从而对所连的交流系统给予无功支撑。

　　柔性直流输电是构建智能电网的重要装备，与传统方式相比，柔性直流输电在孤岛供电、城市配电网的增容改造、交流系统互连、大规模风电场并网等方面具有较强的技术优势，是改变大电网发展格局的战略选择。

　　柔性直流输电还将面临如何实现高电压、大功率、架空线使用、混合结构直流输电等方面的挑战。将通过进一步的研究和试点，使该技术在大规模风电场接入系统、实现区域联网供电可靠性、缓解负荷密集地区电网运行压力等更多领域得到应用。

## ⚡ 项目小结

　　本项目主要讲述了电力系统基本知识的学习和电力系统的组成、接线、安装、调试、运行、维护、保养等内容。通过本项目的学习，应了解电力系统的基本结构；掌握电力系统中的发电厂、电力线路、供电所、变电所、配电所的电压变化关系；熟悉电力系统的的组成、功能。

## ⚡ 项目练习

　　（1）电力系统的组成有哪些？

　　（2）供配电系统的组成有哪些？

　　（3）常见的发电形式有哪些？

　　（4）电气设备的额定电压指什么？

　　（5）我国常用的电压等级有哪些？

　　（6）什么叫设备的容量？

　　（7）供电质量的主要指标有哪些？

　　（8）什么叫电力系统的三相不平衡？

　　（9）电力系统运行的特点有哪些？

# 项目 2　高低压电力线路

**知识目标**

☞掌握高低压电力线路的类型及导线截面的选择；
☞掌握高低压配电线路敷设方式及要求。

**技能目标**

☞训练学生的安全意识，培养学生的团队合作能力、组织管理能力、创新能力；
☞具备高压电力线路的设计、敷设、检修能力；
☞具备低压线路安装图制图、读图能力。

## 2.1　项目导入

本项目通过图 2-1～图 2-4 的讲解，说明了高低压电力线路的结构组成、电力传输关系。

### 2.1.1　高压电力线路的结构

高压电力线路的结构如图 2-1 所示。

图 2-1　高压电力线路的结构

### 2.1.2　高压电力线路接线

高压电力线路接线如图 2-2 所示。

图 2-2　高压电力线路接线图

### 2.1.3　低压电力线路的结构

低压电力线路的结构如图 2-3 所示。

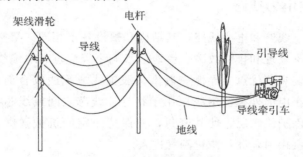

图 2-3　低压电力线路的结构

### 2.1.4　低压电力线路接线

低压电力线路接线如图 2-4 所示。

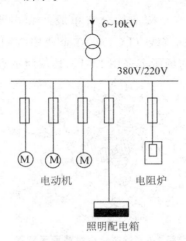

图 2-4　低压电力线路接线图

## 2.2　项目分析

　　图 2-1 和图 2-2 说明了高压电力线路中导线、金具、杆塔之间的连接关系：杆塔上固定有横担，横担上固定有高压瓷瓶，高压瓷瓶上固定有导线。图 2-3、2-4 说明了低压电力线路中导线、金具、杆塔之间的连接关系：杆塔上固定有横担，横担上固定有高压瓷瓶，高压瓷瓶上固定有导线。高压和低压电力线路组成结构大致相同，只是元器件的耐压等级有区别。

　　与本项目相关的知识为高低压线路的组成、安装调试、维护保养等。

## 2.3　知识链接

### 2.3.1　架空电力线路

　　电力线路有架空线路和电缆线路，其结构和敷设各不相同。架空线路具有投资省、施工维护方便、易于发现和排除故障、受地形影响小等优点；电缆线路具有运行可靠、不易受外界影响、美观等优点。导体一般由多股铜线或铝线绞合而成，便于弯曲。线芯采用扇形，可减小电缆外径。绝缘层用于将导体线芯之间或线芯与大地之间良好地绝缘。保护层用来保护绝缘层，使其密封，并保持一定的机械强度，以承受电缆在运输和敷设时所受的机械力，并且防止潮气进入。

#### 1. 架空电力线路的结构

　　架空线路是指室外架设在电杆上用于输送电能的线路。由于其要经常承受自身重力和各种外力的作用，且须承受大气中有害物质的侵蚀，所以导线材质必须具有良好的导电性、耐腐蚀性和机械强度。

　　架空线路一般采用裸导线。按结构分有单股线和多股绞线。绞线又分为铜绞线（TJ）、铝绞线（LJ）和钢芯铝绞线（LGJ）。在企业中常用的是铝绞线，在 35kV 的高压线路及机械强度要求较高的场所多采用 LGJ，其截面示意图如图 2-5 所示。

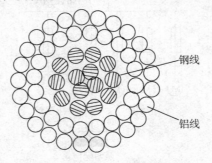

钢线

铝线

**图 2-5　钢芯铝绞线截面示意图**

架空线路主要由导线、电杆、横担、绝缘子、线路金具等组成。有的电杆上还装有拉线或扳桩，用来平衡电杆各方向的拉力，增强电杆稳定性；也有的架空线路上架设避雷线来防止雷击。架空线路结构图如图 2-6 所示。

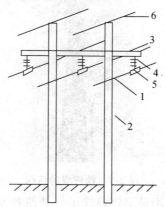

1—导线；2—杆塔；3—横担；4—绝缘子；5—线路金具；6—避雷线

**图 2-6 架空线路结构图**

（1）导线。架空导线架设在空中，要承受自重、风压、冰雪荷载等机械力的作用和空气中有害气体的侵蚀，同时还受温度变化的影响，运行条件比较恶劣。因此，它们的材料应有较高的机械强度和抗腐蚀能力，而且导线要有良好的导电性能。导线按结构分为单股线与多股绞线；按材质分为铝（L）、钢（G）、铜（T）、铝合金（HL）、钢芯铝（LG）等类型。由于多股绞线优于单股线，故架空导线多采用多股绞线。

①铝绞线（LJ）。导电率高、质轻价廉，但机械强度较小、耐腐蚀性差，故多用于挡距不大的 10kV 及以下的架空线路。

②钢绞线（GJ）。机械强度高，但导电率差、易生锈、集肤效应严重，故只适用于电流较小、年利用小时低的线路及避雷线。

③铜绞线（TJ）。导电率高、机械强度大、耐腐蚀性能好，是理想的导电材料。但为了节约用铜，目前只限于有严重腐蚀的地区使用。

④铝合金绞线（LHJ）。机械强度大、防腐性能好、导电性亦好，可用于一般输配电线路。

⑤钢芯铝绞线（LGJ）。将多股铝线绕在钢芯外层，铝导线起载流作用，机械载荷由钢芯与铝线共同承担，使导线的机械强度大为提高，因而在 10kV 以上的架空线路中得到广泛应用。

（2）杆塔。杆塔用来支持绝缘子和导线，使导线相互之间、导线对杆塔和大地之间保持一定的距离（挡距），以保证供电与人身安全。对应于不同的电压等级，有一个技术经济上比较合理的挡距，如 0.4kV 及以下为 30～50m，6～10kV 为 40～100m，35kV 水泥杆为 100～150m，110～220kV 铁塔为 150～400m 等。

杆塔根据所用材料的不同可分为木杆、钢筋混凝土杆和铁塔等三种。

杆塔按用途可划分为直线杆、耐张杆、转角杆、终端杆、特种杆（如分支杆、跨越杆、换位杆等）。铁杆塔的结构如图 2-7 所示。

图 2-7　铁杆塔的结构

（3）横担。横担的主要作用是固定绝缘子，并使各导线相互之间保持一定的距离，防止风吹或其他作用力产生摆动而造成相间短路。目前使用的横担主要是铁横担、木横担、瓷担等，按线制有三相三线横担、三相四线横担、三相五线横担。

横担的长度取决于线路电压的高低、挡距的大小、安装方式和使用地点，主要是保证在最困难条件下（如最大弧垂时受风吹动）导线之间的绝缘要求。35kV 以下电力线路的线间最小距离见有关设计手册。

（4）绝缘子。绝缘子的作用是使导线之间、导线与大地之间彼此绝缘。故绝缘子应具有良好的绝缘性能和机械强度，并能承受各种气象条件的变化而不破裂。

绝缘子按电压高低可分为低压绝缘子和高压绝缘子两大类。

高压线路的绝缘瓷瓶按形状可分为针式、碟式、悬式、瓷横担和拉线绝缘瓷瓶等几种。常见的高压线路的绝缘瓷瓶形状如图 2-8 所示。

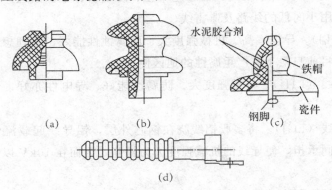

（a）针式；（b）碟式；（c）悬式；（d）瓷横担

图 2-8　高压线路的绝缘瓷瓶形状

（5）线路金具。线路金具是用来连接导线、安装横担和绝缘子等的金属部件。常用的金具有悬垂线夹、耐张线夹、接续金具、连接金具、保护金具等。

常见的线路金具如图 2-9 所示，有安装针式绝缘子的直、弯脚；安装碟式绝缘子的穿心螺钉；固定横担的 U 型抱箍；调节拉线松紧的花蓝螺丝等。

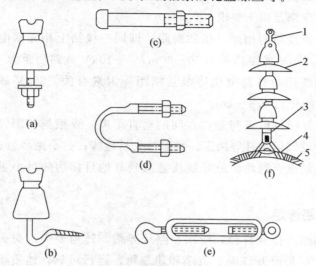

1—球头挂环；2—绝缘瓷瓶；3—碗头挂板；4—悬垂线夹；5—导线

（a）直角及绝缘瓷瓶；（b）弯脚及绝缘瓷瓶；（c）穿心螺丝；

（d）U 型抱箍；（e）花蓝螺丝；（f）悬式绝缘子串和金具

**图 2-9　线路的金具**

（6）拉线。拉线的结构图如图 2-10 所示。

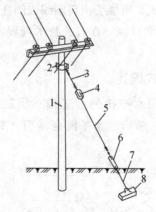

1—电杆；2—拉线抱箍；3—上把；4—拉线绝缘子

5—腰把；6—花蓝螺钉；7—底把；8—拉线底盘

**图 2-10　拉线的结构图**

## 2. 架空线路的敷设

架空线路的敷设主要有以下几个要求。

（1）在施工和竣工验收中必须遵循有关规程规定，以保证施工质量和线路安全运行。

（2）合理选择路径，做到路径短，转角少，交通运输方便，并与建筑物保持一定的安全距离。

（3）按有关规程要求，必须保证架空线路与地及其他设施在安全距离内。

（4）电杆尺寸应满足以下要求：

①不同电压等级线路的档距（也称跨距，即同一线路上相邻两电杆中性线之间的距离）不同。一般380V线路档距为50～60m，6～10kV线路档距为80～120m。

②同杆导线的线距与线路电压等级及档距等因素有关。380V线路线距为0.3～0.5m，10kV线路线距为0.6～1m。

③弧垂（架空导线最低点与悬挂点间的垂直距离）要根据档距、导线型号与截面积、导线所受拉力及气温条件等决定。垂弧过大易碰线；过小则易造成断线或倒杆。

④限距（导线最低点到地面或导线任意点到其他目标物的最小垂直距离）需遵循有关手册规定。

### 3. 架空线线路选定

正确选择线路路径排定杆位，要求：路径要短，转角要少，交通运输方便，便于施工架设和维护，尽量避开江河、道路和建筑物，运行可靠，地质条件好，另外还要考虑今后的发展。

### 4. 档距、弧垂和杆高确定

相邻电杆之间的水平距离称为档距，也称跨距。弧垂是指导线在电杆上的悬挂点与导线最底点之间的垂直距离。弧垂不宜过大，也不宜过小，若过大则在导线摆动时容易造成相间短路；若过小则导线的拉力过大，可能会出现断线或倒杆等现象，所以要通过计算来确定一个合理的弧导线的档距、弧垂和杆高。在有关技术规程中有明确的规定，必须严格遵守执行。

### 5. 导线在杆上的布置方式确定

三相四线制低压线路多采用水平排列；三相三线制线路可三角形排列，也可水平排列；多回路导线架设时，可三角形、水平混合排列，如图2-11所示。

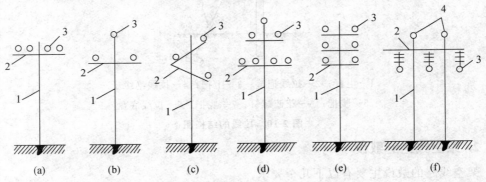

（a）　　　　（b）　　　　（c）　　　　（d）　　　　（e）　　　　（f）

1—电杆；2—横担；3—导线；4—避雷线

**图2-11　导线在电杆上的排列方式**

母线的排列应按设计规定，如无设计规定时，应按下述要求排列。

（1）垂直布置的母线。由上向下：A，B，C相的排列。

（2）水平布置的母线。由内向外（面对母线）：A，B，C 相的排列。

（3）引下线排列。由左向右（面对母线）：A，B，C 相的排列。

（4）各种不同电压配电装置的母线，其相位的配置应相互一致。

### 2.3.2 车间线路的结构和敷设

车间线路包括室内配电线路和室外配电线路。

室内配电线路多采用绝缘导线，但配电干线多采用裸导线（或硬母线），少数情况下用电缆；室外配电线路指沿着车间外墙或屋檐敷设的低压配电线路和引入建筑物的进户线，以及各车间之间的短距离架空线路，一般均采用绝缘导线。

#### 1. 绝缘导线

绝缘导线按芯线材料的不同分为铜芯导线和铝芯导线；按绝缘材料的不同分为橡皮绝缘线和塑料绝缘线；按芯线构造的不同可分为单芯导线、多芯导线和软线。

绝缘导线的敷设方式分明敷设和暗敷设两大类。导线敷设于墙壁、桁梁架或天花板等的表面称为明敷设；导线穿管埋设在墙内、地坪内或装设在顶棚里称为暗敷设。具体布线方式有以下几种。

（1）瓷夹、瓷柱和串瓶配线：沿墙壁、桁架或天花板明敷设。

（2）槽板配线：适用于干燥无腐蚀的房屋内的明敷设。

（3）穿管配线：分为明敷设和暗敷设两种。钢管适用于防护机械损伤的场合，但不宜用于有严重腐蚀的场所；塑料管除不能用于高温和对塑料有腐蚀的场所外，其他场所均可适用。

（4）钢索配线：钢索横跨在车间或构架之间，一般用于厂房和露天场所。

#### 2. 裸导线

车间的配电干线或分支线通常采用硬母线（又称母排）的结构，截面形状有圆形、矩形和管形，实际应用中以 LMY 型硬铝母线最为普遍。采用裸导线作母线的原因是安装简单，投资小，允许电流大，可以节省绝缘材料。裸导线的敷设要满足安全间距的要求，距地面不得低于 2.5 m。

车间配电线路还可采用一种封闭式母线，由制造厂成套设备供应各种水平或垂直接头，构成插接式母线系统，接线方式方便灵活，也较美观，适用于车间面积大，设备容量不大，用电设备多为布置均匀紧凑，而又可能因工艺流程改变需经常调整位置的车间。其缺点是结构复杂，需钢材多，价格高。

可见，车间低压线路敷设方式的选择，应根据周围环境条件、工程设计要求和经济条件决定。图 2-12 所示是根据实际情况选用敷设方式的例子。

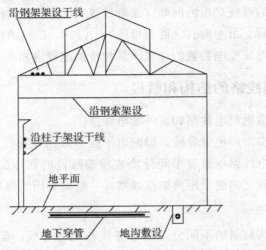

沿钢架架设干线

沿钢索架设

沿柱子架设干线

地平面

地下穿管　　地沟敷设

**图 2-12　车间内几种干线敷设方式**

### 2.3.3　架空导线截面的选择

**1. 导线截面选择原则**

导线截面的选择对电网的技术、经济性能影响很大，在选择导线截面时，既要保证工矿企业供电的安全与可靠，又要充分利用导线的负荷能力。因此，只有综合考虑技术、经济效益，才能选出合理的导线截面。

**2. 高压架空线路导线截面选择计算**

高压架空线路导线截面的选择，应先按经济电流密度初选，然后按其他条件进行校验，全部条件都校验合格者为所选。

（1）按经济电流密度选择导线截面。导线截面积大小与电网的运行费用有密切关系，从能量损耗的角度考虑，希望导线的截面越大越好，此时导线阻抗变小，使电能损耗和电压损失都减小，但金属使用量与初期投资均增加。但从线路投资和维护考虑，又希望导线截面小一些好，此时导线单位长度价格降低、有色金属消耗减少、投资费用降低，比较经济。这是高压导线截面选择中的一对矛盾，解决的办法就是为了供电的经济性，导线截面应按经济电流密度 $J_{ec}$ 进行选择。经济电流密度是指年运行费最低时，导线单位面积上通过电流的大小。采用经济截面，按经济电流密度选择导线截面，能使线路的年运行费用接近最低，因而有较大的经济意义。

年运行费主要由年电耗费、年折旧费和大修费、年小修费和维护费组成。年电耗费是指电网全年损耗电能的价值，导线截面越大，损耗越小，费用亦越小；年折旧费是每年提存的初期投资百分数，导线截面越大，初期投资也大，因而年折旧费就高。

导线的维修费与导线截面无关。故可变费用与导线截面的关系曲线如图 2-13 所示。图中曲线 1 为电能损耗费，曲线 2 为折旧修理费，曲线 3 为年运行费。年运行费用最少的导线截面 $S_{ec}$ 称经济截面，对应于该截面所通过的线路负荷电流密度叫经济电流密度。我国现行的经济电流密度，如表 2-1 所示。

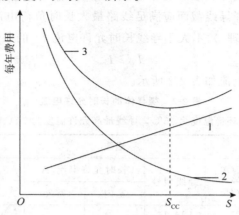

**图 2-13　可变费用与导线截面的关系曲线**

**表 2-1　经济电流密度 $J_{ec}$**

| 经济电流密度 / (A/mm²) 导线材料 | 年最大负荷利用小时数 $T_{max}$ | | |
| --- | --- | --- | --- |
| | 1000～3000 | 3000～5000 | 5000 以上 |
| 裸导体　铜 | 3 | 2.25 | 1.75 |
| 裸导体　铝（钢芯铝绞线） | 1.65 | 1.15 | 0.9 |
| 裸导体　钢 | 0.45 | 0.4 | 0.35 |
| 铜芯电缆、橡胶绝缘电缆 | 2.5 | 2.25 | 2 |
| 铝芯电缆 | 1.92 | 1.73 | 1.54 |

在表 2-1 中，经济电流密度与最大负荷利用小时有关。

按经济电流密度选择导线截面，应先确定 $T_{max}$，然后根据导线材料查出经济电流密度 $J_{ec}$，按线路最大长时负荷电流 $I_{lo.m}$（设计阶段用计算电流 $I_{ca}$），由下式求出经济截面。

$$S_{ec} = \frac{I_{ca}}{J_{ec}} \tag{2-1}$$

选取等于或稍小于 $S_{ec}$ 的标准截面 $S_1$，即

$$S_1 \leqslant S_{ec} \tag{2-2}$$

（2）按长时允许电流选择导线截面。导线通过最大长时负荷电流，也就是设计中的计算电流时，所产生的发热温度，不应超过其运行的最高允许温度。据此，工程上对各种型号、规格、材质的导线都有一个相应的长时允许负荷电流的规定，也叫允许载流量的规定。所以，设计选择时不必计算各种情况下导线的发热温度，只须按计算电流查电工手册得出相应的截面，并作温度修正即可。所选截面若不符合该原则，则

在满负荷运行时，将会使导线过热烧坏绝缘或引起火灾和其他事故。

按长时允许电流选择导线截面应满足线路最大长时负荷电流 $I_{lo \cdot m}$（设计阶段用计算电流 $I_{ca}$，以下照此处理。）不大于导线长时允许电流 $I_{al}$ 的条件，即

$$I_{al} \geqslant I_{ca} \tag{2-3}$$

裸导体的长时允许电流如表 2-2 所示。

表 2-2　裸导体的长时允许电流

（环境温度为 25℃，导线最高允许温度为 70℃）

| 铜线 | | | 铝线 | | | 钢芯铝线 | |
|---|---|---|---|---|---|---|---|
| 导线型号 | 长时允许电流/A | | 导线型号 | 长时允许电流/A | | 导线型号 | 室外长时允许电流/A |
| | 室内 | 室外 | | 室内 | 室外 | | |
| TJ—4 | 50 | 25 | LJ—16 | | | LGJ—16 | 105 |
| TJ—6 | 70 | 35 | LJ—25 | 105 | 80 | LGJ—25 | 135 |
| TJ—10 | 95 | 60 | LJ—35 | 135 | 110 | LGJ—35 | 170 |
| TJ—16 | 130 | 100 | LJ—50 | 170 | 135 | LGJ—50 | 220 |
| TJ—25 | 180 | 140 | LJ—70 | 215 | 170 | LGJ—70 | 275 |
| TJ—35 | 220 | 175 | LJ—95 | 265 | 215 | LGJ—95 | 335 |
| TJ—50 | 270 | 220 | LJ—120 | 325 | 260 | LGJ—120 | 380 |
| TJ—70 | 340 | 280 | LJ—150 | 375 | 310 | LGJ—150 | 445 |
| TJ—95 | 415 | 340 | LJ—185 | 440 | 370 | LGJ—185 | 515 |
| TJ—120 | 485 | 405 | LJ—240 | 500 | 425 | LGJ—240 | 610 |
| TJ—150 | 570 | 480 | — | 610 | — | LGJ—300 | 700 |
| TJ—185 | 645 | 550 | | | | LGJ—400 | 800 |
| TJ—240 | 770 | 650 | — | | | — | |

表 2-3　导体长时允许电流温度修正系数 $K$

| 环境温度 $\theta_0$/℃　$K$ 值　允许温度 $\theta_m$/℃ | −5 | 0 | +5 | +10 | +15 | +20 | +25 | +30 | +35 | +40 | +45 | +50 |
|---|---|---|---|---|---|---|---|---|---|---|---|---|
| +90 | — | — | 1.14 | 1.11 | 1.07 | 1.04 | 1.00 | 0.96 | 0.92 | 0.88 | 0.83 | 0.79 |
| +80 | 1.24 | 1.20 | 1.17 | 1.13 | 1.09 | 1.04 | 1.00 | 0.95 | 0.90 | 0.85 | 0.80 | 0.74 |
| +70 | 1.29 | 1.24 | 1.20 | 1.15 | 1.11 | 1.05 | 1.00 | 0.94 | 0.88 | 0.81 | 0.74 | 0.67 |
| +65 | 1.32 | 1.27 | 1.22 | 1.17 | 1.12 | 1.06 | 1.00 | 0.94 | 0.87 | 0.79 | 0.71 | 0.61 |
| +60 | 1.36 | 1.31 | 1.25 | 1.20 | 1.13 | 1.07 | 1.00 | 0.93 | 0.85 | 0.76 | 0.66 | 0.54 |
| +55 | 1.41 | 1.35 | 1.29 | 1.23 | 1.15 | 1.08 | 1.00 | 0.91 | 0.82 | 0.71 | 0.58 | 0.41 |
| +50 | 1.48 | 1.41 | 1.34 | 1.26 | 1.18 | 1.09 | 1.00 | 0.89 | 0.78 | 0.63 | 0.45 | 0 |

一般决定导线允许载流量时，周围环境温度均取＋25℃作为标准，当周围空气温度不是＋25℃，而是$\theta_0'$时，导线的长时允许电流应按下式进行修正。

$$I'_{al} = I_{al} \sqrt{\frac{\theta_m - \theta'_0}{\theta_m - \theta_0}} = I_{al} K \tag{2-4}$$

式中　$I'_{al}$——环境温度为$\theta'_0$时的长时允许电流，A；

　　　$I_{al}$——环境温度为$\theta_0'$时的长时允许电流，A；

　　　$\theta_0'$——实际环境温度，℃；

　　　$\theta_m$——标准环境温度，一般为25℃；

　　　$\theta_m$——导线最高允许温度，℃；

　　　$K$——电流修正系数。

（3）按允许电压损失选择导线截面。由于线路上有电阻和电抗，故电流通过导线时，除产生电能损耗外，还会产生电压损失，当电压损失超过一定的范围后，将使用电设备端子上的电压过低，影响用电设备的正常运行。所以要保证用电设备的正常运行，必须根据线路的正常运行允许电压损失来选择导线截面，使线路电压损失低于允许值，以保证供电质量。

设导线的电阻为$R$，电抗为$X$，当电流通过导线时，使线路两端电压不等。线路始端电压为$U_1$，末端电压为$U_2$，二者的相量差为电压降，则

$$\Delta U = U_1 - U_2 \tag{2-5}$$

线路的电压损失是指线路始、末两端电压的有效值之差，以$\Delta U$表示，则

$$\Delta U = U_1 - U_2 = ag \approx ac \tag{2-6}$$

如以百分数表示

$$\Delta U\% = \frac{U_1 - U_2}{U_N} \times 100\% \tag{2-7}$$

式中　$U_N$——额定电压，V。

为了保证供电质量，对各类电网规定了最大允许电压损失。如表2-4所示，在选择导线截面时，要求实际电压损失$\Delta U\%$不超过允许电压损失$\Delta U_{ac}\%$，即

$$\Delta U\% \leqslant \Delta U_{ac}\% \tag{2-8}$$

表 2-4　电力网允许电压损失百分数

| 电网种类及运行状态 | $\Delta U_{ac}\%$ | 备注 |
| --- | --- | --- |
| 1. 室内低压配电线路 | 1～2.5 | |
| 2. 室外低压配电线路 | 3.5～5 | |
| 3. 企业内部照明与低压动力线路 | 3～5 | 1，2 两项之和不大于 6% |
| 4. 正常运行的高压配电线路 | 3～6 | 4，6 两项之和不大于 10% |
| 5. 故障运行的高压配电线路 | 6～12 | |
| 6. 正常运行的高压输电线路 | 5～8 | |
| 7. 故障运行的高压输电线路 | 10～12 | |

铝绞线 LJ 的电阻和电抗如表 2-5 所示，钢芯铝绞线 LGJ 的电阻和电抗如表 2-6 所示。

表 2-5  LJ 型导线的电阻和电抗

| 导线型号 | LJ—16 | LJ—25 | LJ—35 | LJ—50 | LJ—70 | LJ—95 | LJ—120 | LJ—150 | LJ—185 | LJ—240 | LJ—300 |
|---|---|---|---|---|---|---|---|---|---|---|---|
| 电阻 Ω／km | 1.98/2.07 | 1.28/1.33 | 0.92/0.96 | 0.64/0.66 | 0.46/0.48 | 0.34/0.36 | 0.27/0.28 | 0.21/0.23 | 0.17/0.18 | 0.132/0.14 | 0.106/0.11 |
| 几何均距/m | 导线电抗 Ω／km | | | | | | | | | | |
| 0.6 | 0.365 | 0.345 | 0.336 | 0.325 | 0.312 | 0.302 | 0.295 | 0.288 | 0.281 | 0.273 | 0.267 |
| 0.8 | 0.377 | 0.363 | 0.352 | 0.341 | 0.330 | 0.320 | 0.313 | 0.305 | 0.299 | 0.291 | 0.284 |
| 1.0 | 0.391 | 0.370 | 0.366 | 0.355 | 0.344 | 0.334 | 0.327 | 0.319 | 0.313 | 0.305 | 0.298 |
| 1.25 | 0.405 | 0.391 | 0.380 | 0.369 | 0.358 | 0.348 | 0.341 | 0.333 | 0.327 | 0.319 | 0.302 |
| 1.5 | 0.416 | 0.402 | 0.391 | 0.380 | 0.370 | 0.360 | 0.352 | 0.345 | 0.339 | 0.330 | 0.322 |
| 2.0 | 0.434 | 0.421 | 0.410 | 0.398 | 0.388 | 0.378 | 0.371 | 0.363 | 0.356 | 0.348 | 0.341 |
| 2.5 | 0.448 | 0.435 | 0.424 | 0.413 | 0.399 | 0.390 | 0.382 | 0.377 | 0.371 | 0.362 | 0.355 |
| 3.0 | 0.459 | 0.448 | 0.435 | 0.423 | 0.410 | 0.401 | 0.393 | 0.388 | 0.382 | 0.374 | 0.367 |

注：表中电阻行"/"前是导线温度为20℃时的值，"/"后是导线温度为50℃时的值，作设计时综合考虑平均环境温度与导线负荷电流，应按50℃选取较为符合工程实际。

表 2-6  LGJ 型导线的电阻和电抗

| 导线型号 | LGJ—16 | LGJ—25 | LGJ—35 | LGJ—50 | LGJ—70 | LGJ—95 | LGJ—120 | LGJ—150 | LGJ—185 | LGJ—240 | LGJ—300 |
|---|---|---|---|---|---|---|---|---|---|---|---|
| 电阻 Ω／km | 1.93/2.01 | 1.22/1.29 | 0.86/0.91 | 0.61/0.65 | 0.43/0.46 | 0.32/0.33 | 0.26/0.27 | 0.21/0.22 | 0.16/0.17 | 0.13/0.14 | 0.09/0.10 |
| 几何均距/m | 导线电抗 Ω／km | | | | | | | | | | |
| 1.5 | 0.412 | 0.400 | 0.385 | 0.376 | 0.364 | 0.353 | 0.347 | 0.340 | —— | —— | —— |
| 2.0 | 0.430 | 0.418 | 0.403 | 0.394 | 0.382 | 0.371 | 0.365 | 0.358 | —— | —— | —— |
| 2.5 | 0.444 | 0.432 | 0.417 | 0.408 | 0.396 | 0.385 | 0.379 | 0.372 | 0.365 | 0.357 | —— |
| 3.0 | 0.456 | 0.443 | 0.429 | 0.420 | 0.408 | 0.397 | 0.391 | 0.384 | 0.377 | 0.369 | —— |
| 3.5 | 0.466 | 0.453 | 0.438 | 0.429 | 0.417 | 0.406 | 0.400 | 0.398 | 0.386 | 0.378 | 0.371 |
| 4.0 | 0.474 | 0.461 | 0.446 | 0.437 | 0.425 | 0.414 | 0.408 | 0.401 | 0.394 | 0.386 | 0.380 |

注：表中电阻行"/"前是导线温度为20℃时的值，"/"后是导线温度为50℃时的值，二者都计入了钢芯的导电作用，作设计时综合考虑平均环境温度与导线负荷电流，应按50℃选取较为符合工程实际。

架空导线要经过搬运、架设、安装等操作，易受到机械损伤，运行又受自然条件影响较大，容易发生倒杆、断线等故障，所以架空导线有一个最小允许截面的规定。企业供配电线路选用的导线按机械强度进行校验，应保证所选导线截面不小于该导线在相应敷设方式时的最小允许截面。架空导线的最小允许截面，见表 2-7。一般这一规

定不作为选择计算项目，只作为校验项目。

**表 2-7　架空线路按机械强度要求的最小允许截面面积**　　　　　单位：mm²

| 导线材料种类 | 6～35kV 架空线路 | | 1kV 以下线路 |
|---|---|---|---|
| | 居民区 | 非居民区 | |
| 铝及铝合金绞线 | 35 | 25 | 16 |
| 钢芯铝绞线 | 25 | 16 | 16 |
| 铜线 | 16 | 16 | $\phi 3.2$mm |

### 2.3.4　电缆线路的结构

**1. 电缆结构**

电缆线路由电力电缆和电缆头组成。电力电缆一般由导体、绝缘层和保护层三部分组成。

（1）铠装电缆的结构。目前使用的铠装电缆有油浸纸绝缘铅（铝）包电力电缆与全塑铠装电力电缆两种。

油浸纸绝缘铅（铝）包电力电缆是目前应用最广的一种电缆。其主芯线有铜、铝之分，内护层有铅包与铝包之分。铠装又分为钢带与钢丝（有粗钢丝与细钢丝）铠装两种；有的还有黄麻外护层，用来保护铠装免遭腐蚀。为了应用在高差较大的地方，这种电缆还有干绝缘与不滴流等派生型号。油浸纸绝缘铅（铝）包钢带铠装电缆的结构如图 2-14 所示。

**图 2-14　油浸纸绝缘钢带铠装电缆结构图**

1—电缆芯线（铝或铜线）；2—芯线油浸纸绝缘层；3—黄麻填料；4—油浸纸统包绝缘
5—铅包或铝包；6—纸带内护层；7—黄麻内护层；8—钢铠外护层；9—黄麻外护层

它有三条作为导电用的铜（铝）主芯线1，当截面在 25mm² 及以上时，为了增加电缆柔度，减小电缆外径，主芯线采用多股绞成扇形截面。各芯线的分相绝缘，用松香和矿物油浸渍过的纸带2缠绕。三相之间的空隙，衬以充填物3使成圆形，再用浸渍过油的纸带缠绕成统包绝缘4，统包层外面为密封用的铅（铝）包内护层5，以防止浸渍油的流失和潮气等的侵入。为使铅（铝）护层免遭腐蚀和受到外护层铠装的损伤，在铅（铝）护层与铠装之间，衬以沥青纸6与黄麻层7，8为叠绕的钢带铠装层。为了防止其锈蚀，再用浸有沥青的黄麻护层加以保护。最后有外保护层，如图2-14所示，为油浸纸绝缘钢带铠装电缆结构。

塑料铠装电力电缆有聚氯乙烯绝缘聚氯乙烯护套和交联聚乙烯绝缘聚乙烯护套两种。塑料电缆的绝缘电阻、介质损耗角等电气性能较好，并有耐水、抗腐、不延燃、制造工艺简单、质量轻、运输方便、敷设高差不受限制等优点，具有广泛的发展前途。聚氯乙烯电缆目前已生产至6kV电压等级。交联聚乙烯是利用化学或物理方法，使聚乙烯分子由原来直接链状结构变为三度空间网状结构。因此交联聚乙烯除保持了聚乙烯的优良性能外，还克服了聚乙烯耐热性差、热变形大、耐药物腐蚀性差、内应力开裂等方面的缺陷。交联聚乙烯电缆结构如图2-15所示。这种电缆目前已生产至10kV及35kV级。

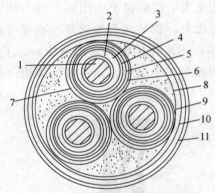

**图 2-15　交联聚乙烯绝缘电缆结构图**

1—导电芯线；2—半导体层；3—交联聚乙烯绝缘；4—半导体层；5—钢带；6—标志带；

7，9—塑料带；8—纤维充填材料；10—钢带铠装；11—聚氯乙烯外护套

（2）软电缆的结构。软电缆分为橡胶电缆与塑料电缆（无铠装）两种。

橡胶电缆根据外护套材料不同，有普通型、非延燃型与加强型三种。普通型外护套为天然橡胶，容易燃烧，不宜用于有爆炸危险的场合。非延燃型的外护套采用氯丁橡胶制成，电缆着火后，分解出氯化氢气体使火焰与空气隔绝，达到不延燃的目的。加强型护套中夹有加强层（如帆布、纤维绳或多根镀锌软钢丝等）提高其机械强度，主要用于易受机械损伤的场合。

橡胶电缆的结构如图2-16所示。为了得到足够的柔度，软电缆的芯线采用多股细铜丝绞成。矿用电缆除三相主芯线1外，还有一根接地芯线5，每个芯线包以分相绝缘

2，分相绝缘做成各种颜色或其他标志，以便于识别。为了保持芯线形状和防止损伤，在芯线之间的空隙处填充防震芯子 3，以增加电缆的机械强度和绝缘性能。其外层是橡胶护套 4。

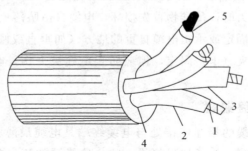

**图 2-16　橡胶电缆的一般结构图**
1—主芯线；2—相绝缘层；3—防震芯子；4—橡胶护套；5—接地芯线

### 2. 电力电缆的型号

电力电缆分一般电力电缆及专用电力电缆两种。专用电力电缆有耐油电缆、仪表用多芯电缆、绝缘耐寒电缆、绝缘防水电缆、电焊机用电缆、控制电缆等。一般电力电缆的型号由分类代号和导体、内护层、派生及外护层代号等组成。分类代号：Z—纸绝缘；X—橡胶绝缘；V—塑料绝缘；YJ—交联聚乙烯绝缘。导体及内护层等代号：T—铜；L—铝；Q—铅包；L—铝包；H—普通橡套；V—塑料护套。外护层代号（新标准）：22—钢带铠装；32—细钢丝铠装；42—粗钢丝铠装。

### 3. 电缆型号的选择

各种型号电缆的使用环境和敷设方式都有一定的要求。使用时应根据不同的环境特征选择，考虑原则主要是安全、经济和施工方便。选择电缆时应注意下列几点。

（1）为了防水，室内用电缆均无黄麻保护层。

（2）地面用电力电缆一般应选用铝芯电缆（有剧烈振动的场所除外）。在有爆炸危险的场所，应选用铜芯铅包电缆，并应采用裸钢带铠装电缆，因为有了一层铠装后，可减少引起爆炸的可能性。

（3）直埋敷设的电缆一般采用有外护层的铠装电缆。在不会引起机械损伤的场所，也可采用无铠装的电力电缆。

（4）照明、通信和控制电缆，应选用橡胶或塑料绝缘的专用电缆。

（5）油浸纸绝缘电力电缆只允许用于高差在 15m（6kV～10kV 高压电缆）至 25m（1kV～3kV 电缆）的范围内，超过时应选用干绝缘、不滴流、聚氯乙烯绝缘或交联聚乙烯绝缘的电力电缆。

### 4. 电缆的支架与电缆夹

电缆支架用于支持电缆，使其相互之间保持一定的距离，便于散热、修理及维护；

在短路时，避免波及邻近电缆。

地面电缆支架多用型钢制作，将电缆排放在支架上，并加以固定。在永久性电缆隧道中，采用电缆钩悬挂电缆；对于非永久性电缆隧道，可采用木楔或帆布袋吊挂，以便在电缆承受意外重力时，吊挂物首先损坏，电缆自由坠落免遭破坏。

在需要对电缆进行固定或承担电缆自重的地方（如垂直或倾角大于30°的场所）敷设电缆时，应采用电缆夹（卡）固定，但应防止电缆被夹伤。电缆夹的形式可按敷设需要进行选择。

### 5. 电缆连接盒与终端盒

油浸纸绝缘电力电缆的相互连接处与电缆终端是电缆最薄弱的环节，应给予特别注意，以免发生短路故障。为了加强绝缘，防止绝缘油的流失及潮气侵入，两段电缆联接处应采用电缆连接盒；电缆末端则应用电缆终端盒与电气设备连接。

电缆头包括电缆中间接头和电缆终端头。环氧树脂中间接头连接盒如图2-17所示，户内式环氧树脂终端头连接盒如图2-18所示。

环氧树脂浇注的电缆头具有绝缘性能好、体积小、质量轻、密封性好及成本低等优点，在10kV系统应用较广。用环氧树脂浇注的电缆连接盒具有绝缘和密封性能好、体积小、质量轻、运行可靠性高等优点。

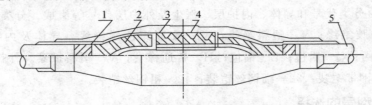

**图 2-17　电缆环氧树脂中间接头连接盒**

1—统包绝缘层；2—缆芯绝缘；3—扎锁管（管内两线芯对接）；

4—扎锁管涂包层；5—铅包

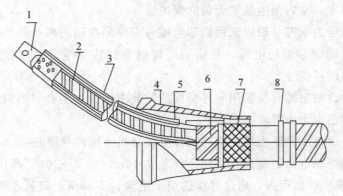

**图 2-18　电缆环氧树脂终端头连接盒**

1—引线接卡；2—缆芯绝缘；3—电缆线芯；4—预制环氧化壳（可代以铁皮模具）；

5—环氧树脂胶（现场浇注）；6—统包绝缘；7—铅包；8—接地线卡

电缆线路的故障大部分发生在电缆接头处，所以电缆头是电缆线路中的薄弱环节，对电缆头的安装质量尤其要重视，要求密封性好，有足够的机械强度，耐压强度不低于电缆本身的耐压强度。

### 2.3.5　电缆线路的敷设

电缆线路常用的敷设方式有直接埋地敷设、电缆沟敷设、沿墙敷设、电缆桥架敷设、电缆排管敷设。

#### 1. 直接埋地敷设

这种敷设方式是事先挖好壕沟，然后把电缆埋在里面，再在周围填以沙土，上加保护板，再回填土，如图 2-19 所示。其施工简单，散热效果好，且投资少，但检修不便，易受机械损伤和土壤中酸性物质的腐蚀，所以如果土壤有腐蚀性的话，须经过处理后敷设。直接埋地敷设适用于电缆数量少、敷设路径较长的场合。

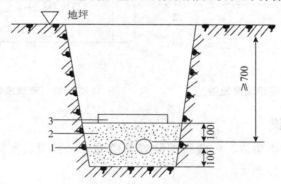

**图 2-19　电缆直接埋地敷设**

1—10kV 以下电力电缆；2—沙或软土；3—保护板

#### 2. 电缆沟敷设

这种敷设方式是将电缆敷设在电缆沟的电缆支架上。电缆沟由砖砌成或混凝土浇注而成，上加盖板，内侧有电缆架，如图 2-20 所示。其投资稍高，但检修方便，占地面积少，所以在配电系统中用得很广。

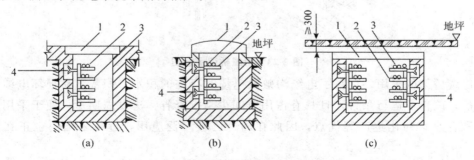

**图 2-20　电缆在电缆沟内敷设**

（a）户内电缆沟；（b）户外电缆沟；（c）厂区电缆沟

### 3. 沿墙敷设

这种敷设方式要在墙上预埋铁件，预设固定支架，电缆沿墙敷设在支架上。其结构简单，维修方便，但积灰严重，易受热力管道影响，且不够美观。电缆沿墙敷设方式如图 2-21 所示。

### 4. 电缆排管敷设

这种敷设方式适用于电缆数量不多（一般不超过 12 根），而道路交叉较多，路径拥挤，又不宜采用直埋或电缆沟敷设的地段。排管可采用石棉水泥管或混凝土管。电缆排管敷设如图 2-22 所示。

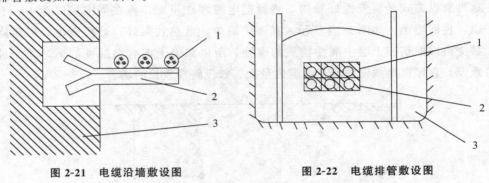

图 2-21　电缆沿墙敷设图　　　　图 2-22　电缆排管敷设图

### 5. 电缆桥架敷设

电缆敷设在电缆桥架内，电缆桥架装置是由支架、盖板、支臂和线槽等组成。电缆桥架示意图如图 2-23 所示。

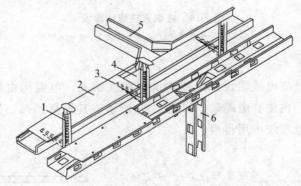

图 2-23　电缆桥架示意图

电缆桥架的采用，克服了电缆沟敷设电缆时存在的积水、积灰、易损坏电缆等多种弊病，改善了运行条件，且具有占用空间少、投资省、建设周期短、便于采用全塑电缆和企业系列化生产等优点，因此在国外已被广泛应用，近年来国内也正在推广采用。

### 6. 敷设电缆需遵循的原则

（1）电缆类型要符合所选敷设方式的要求。例如直埋地电缆应有铠装和防腐层保护。

（2）如果敷设条件许可，可给电缆考虑 1.5％～2％ 的长度余量，作为检修时备用。

（3）电缆敷设的路径要力求少弯曲，弯曲半径与电缆外径的倍数关系应符合有关规定，以免弯曲扭伤。

（4）垂直敷设的电缆和沿陡坡敷设的电缆，其最高点与最低点之间的最大允许高度差不应超过规定值。

（5）以下地点的电缆应穿钢管保护（注意钢管内径不能小于电缆外径的两倍）：电缆从建筑物引入、引出或穿过楼板及主要墙壁处；从电缆沟引出到电杆，或沿墙敷设的电缆距地面 2m 高度及埋入地下小于 0.25m 深度的一段；电缆与道路、铁路交叉的一段。

（6）直埋地电缆埋地深度不得小于 0.7m，并列埋地电缆相互间的距离应符合规定（如 10kV 电缆间不应小于 0.1m）。电缆沟距建筑物基础应大于 0.6m，距电杆基础应大于 1m。

（7）不允许在煤气管、天然气管及液体燃料管的沟道中敷设电缆；一般不要在热力管道的明沟或隧道中敷设电缆，特殊情况时可允许少数电缆放在热力管道沟道的另一侧或热力管道的下面，但必须保证不致使电缆过热；允许在水管或通风管的明沟或隧道中敷设少数电缆，或电缆与之交叉。

（8）户外电缆沟的盖板应高出地面（但注意厂区户外电缆沟盖板应低于地面 0.3m，上面铺以沙子或碎土），户内电缆沟的盖板应与地板平。电缆沟从厂区进入厂房处应设防火隔板，沟底应有不小于 0.5％ 的排水坡度。

（9）电缆的金属外皮、金属电缆头及保护钢管和金属支架等，均应可靠接地。

# 2.4　项目实施

### 1. 讨论并确定实施方案

任务：在平整的地面上建设一座变电站，容量 800kVA，变压等级 35kV/10kV，如何建设？

（1）组织学生分组讨论，形成若干种方案。

（2）各组代表发言表述该组的设计方案，组织全体学生共同探讨该组方案的可行性、可靠性、经济性。

（3）点评各组方案的优缺点，解决该项目。

（4）帮助学生理解电力线路的工作原理。

（5）帮助学生理解电力线路的接线、安装、调试、运行、维护、保养。

（6）各组根据讨论结果进行修正方案。

（7）绘出主接线图，给出方法。

**2. 方案实施过程**

（1）依据自己的方案绘制电力线路电气控制的电路图、主接线图。

（2）选择电力线路电气控制电路控制元件，并会使用、维修。

（3）电力线路电气元件的选取、接线、安装、调试、运行、维护、保养。

**3. 项目完成效果评价**

（1）组织全体学生共同分享各组项目成果。

（2）选择观测点：看是否完成项目功能要求，查找原因。

（3）对方案的合理性、可靠性进行评价。

（4）抛出教师方案，引导学生进一步理解解决该方案的方法和技巧，让其再次修正自己的方案。

# 2.5　知识拓展

## 2.5.1　超高压输电线路

超高压输电是指使用 500～1000kV 电压等级输送电能。若以 220kV 输电指标为 100%，超高压输电每千米的相对投资、每千瓦时电输送百千米的相对成本及金属材料消耗量等，均有大幅度降低，线路走廊利用率则有明显提高。

使用超高电压等级输送电能。超高电压是指 330kV～765kV 的电压等级，即 330（345）kV、400（380）kV、500（550）kV、765（750）kV 等各种电压等级。超高压输电是发电容量和用电负荷增长、输电距离延长的必然要求。超高压输电是电力工业发展水平的重要标志之一。随着电能利用的广泛发展，许多国家都在兴建大容量水电站、火电厂、核电站及电站群，而动力资源又往往远离负荷中心，只有采用超高压输电才能有效而经济地实现输电任务。超高压输电可以增大输送容量和传输距离，降低单位功率电力传输的工程造价，减少线路损耗，节省线路走廊占地面积，具有显著的综合经济效益和社会效益。另外，大电力系统之间的互联也需要超高压输电来完成。若以 220kV 输电指标为 100%，超高压输电每千米的相对投资、每千瓦时电输送百公里的相对成本及金属材料消耗量等均有大幅度降低，线路走廊利用率则有明显提高。

## 2.5.2　特高压输电线路

特高压输电线路是指 ±800kV 及以上直流电和 1000kV 及以上交流电的电压等级输送电能。特高压输电是在超高压输电的基础上发展的，其目的仍是继续提高输电能力，实现大功率的中、远距离输电，以及实现远距离的电力系统互联，建成联合电力系统。

1000kV 特高压交流输电线路输送功率约为 500kV 线路的 4～5 倍；正负 800kV 直流特高压输电能力是正负 500kV 线路的 2 倍多。同时，特高压交流线路在输送相同功率的情况下，可将最远送电距离延长 3 倍，而损耗只有 500kV 线路的 25％ ~ 40％。输送同样的功率，采用 1000kV 线路输电与采用 500kV 的线路相比，可节省 60％ 的土地资源。到 2020 年前后，国家电网特高压骨干网架基本形成，国家电网跨区输送容量将超过 2 亿千瓦，占全国总装机容量的 20％ 以上。届时，从周边国家向中国远距离、大容量跨国输电将成为可能。

对于特高压电网的经济性，专家分析：到 2020 年，通过特高压可以减少装机容量约 2000 万千瓦，节约电源建设投资约 823 亿元；每年可减少发电煤耗 2000 万吨。北电南送的火电容量可以达到 5500 万千瓦，同各区域电网单独运行相比，年燃煤成本约降低 240 亿元。

## ⚡ 项目小结

本项目主要讲述了电力线路的安装、接线、调试、运行、维护、保养的分析。通过本项目的学习，应掌握高低压电力线路的类型及导线截面的选择；掌握高低压配电线路敷设方式及要求。

## ⚡ 项目练习

（1）架空电力线路如何架设？

（2）电缆线路如何架设？

（3）架空电力线路架设中常使用哪些金具？

（4）电缆线路架设中常使用哪些金具？

（5）架空电力线路架设的方法有哪些？

（6）电缆线路架设方法有哪些？

# 项目 3　10kV/380V、220V
# 变电所的电源引入装置

⚡ **知识目标**

☞掌握变电所电源引入装置的类型与作用；

☞掌握变电所电源引入装置的电气元件的选取；

☞了解变电所电源引入装置的高压架空线路和电缆线路的不同。

⚡ **技能目标**

☞变电所电源引入装置的安装；

☞变电所电源引入装置的巡检、维护。

## 3.1　项目导入

　　本项目通过图 3-1 说明了国家电网电源引入企业的常用方式。国家电网引入企业变电站的线路如图 3-1 所示。

（a）

（b）

（c）

**图 3-1　变电所电源引入外观图**

（a）国网分支进入变电所；（b）电源架空进入企业变电所；（c）电源电缆进入企业变电所

## 3.2    项目分析

图 3-1（a）说明了国家电网通过支线闸刀进行分支，进入每个企业；图 3-2（b）说明了国家电网电源通过架空线路引入企业；图 3-3（c）说明了国家电网通过电缆地埋引入企业。

与本项目相关的知识分别为高压元器件的工作原理、安装、使用、维护。

## 3.3    知识链接

### 3.3.1    高压熔断器

高压熔断器（文字符号为 FU，图形符号为———————）是一种过流保护元件，由熔件与熔管两部分组成。高压熔断器是当流过其熔体电流超过一定数值时，熔体自身产生的热量自动地将熔体熔断而断开电路的一种保护设备，当过载或短路时，电流增大，熔件熔断，达到切除故障保护设备的目的。其功能主要是对电路及其设备进行短路和过负荷保护。

#### 1. 高压熔断器分类

高压熔断器主要有户内限流熔断器（RN 系列）、户外跌落式熔断器（RW 系列）、并联电容器单台保护用高压熔断器（BRW 系列）三种类型。

RN 系列高压熔断器主要用于 3kV～35kV 电力系统短路保护和过载保护，其中 RN1 型用于电力变压器和电力线路短路保护，RN2 型用于电压互感器的短路保护。RN1、RN2 型高压熔断器的外形和熔管内部结构图分别如图 3-2 和图 3-3 所示。其结构主要由熔管、触头座、动作指示器、绝缘子和底板构成。熔管一般为瓷质管，熔丝由单根或多根镀银的细铜丝并联绕成螺旋状，熔丝埋放在石英砂中，熔丝上焊有小锡球。

过负荷时，铜丝上锡球受热熔化，铜锡分子相互渗透形成熔点较低的铜锡合金（冶金效应），使铜熔丝能在较低的温度下熔断，灵敏度高。当短路电流发生时，几根并联铜丝熔断时可将粗弧分细，电弧在石英砂中燃烧（狭沟灭弧）。因此，熔断器的灭弧能力很强，能在短路后不到半个周期即短路电流未达到冲击电流值时就将电弧熄灭。这种熔断器称为有限流作用熔断器。熔管内部结构剖面图如图 3-2 所示，RN1 及 RN2 型熔断器外形如图 3-3 所示。

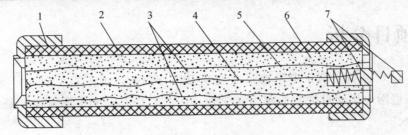

**图 3-2　熔管内部结构剖面图**

1—管帽；2—瓷管；3—工作熔体；4—指示熔体；5—锡球；6—石英砂填料；7—熔断指示器

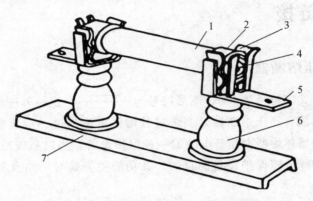

**图 3-3　RN1 及 RN2 型熔断器外形图**

1—瓷熔管；2—金属管帽；3—弹性触座；4—熔断指示器；5—接线端子；6—瓷绝缘子；7—底座

RW 系列户外高压跌落式熔断器主要作为配电变压器或电力线路的短路保护和过负荷保护。

RW4-10（G）型外形结构如图 3-4（a）所示，RW3-10 户外高压跌落式熔断器如图 3-4（b）所示。

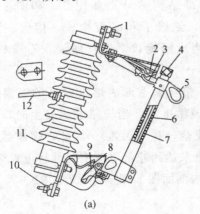
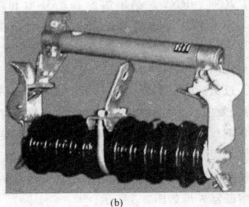

|（a）|（b）|

**图 3-4　高压跌落式熔断器**

1—上接线端子；2—上静触头；3—上动触头；4—管帽（带薄膜）；5—操作环；6—熔管；7—铜熔丝；
8—下动触头；9—下静触头；10—下接线端子；11—绝缘瓷瓶；12—固定安装板

（a）RW4-10（G）型外形结构；（b）RW3-10 户外高压跌落式熔断器

图 3-4 为 RW4-10（G）型跌落式熔断器结构，熔管上端的动触头借助管内熔丝张力拉紧后，利用绝缘棒，先将下动触头卡入下静触头，再将上动触头推入上静触头内锁紧，接通电路。当线路上发生短路时，短路电流使熔丝熔断而形成电弧，消弧管（内管）由于电弧燃烧而分解出大量的气体，使管内压剧增，并沿管道向下喷射吹弧（纵吹），使电弧迅速熄灭。同时，由于熔丝熔断使上动触头失去了张力，锁紧机构释放熔管，在触头弹力及自重作用下断开，形成断开间隙。

这种熔断器采用逐级排气结构，熔体上端封闭，可防雨水。当短路电流较小时，电弧所产生的高压气体因压力不足，只能向下排气（下端开口），此为单端排气。当短路电流较大时，管内气体压力较大，使上端封闭薄膜冲开形成两端排气，同时还有助于防止分断大短路电流时熔炉管爆裂的可能性。

### 2. 高压熔断器的选择

熔件通过的电流越大，其熔断时间越短。熔断器额定电流有两个，即熔件和熔管的额定电流，应按下式选取

$$I_{N \cdot ft} \geqslant I_{N \cdot fs} \geqslant I_{lo \cdot m} \tag{3-1}$$

式中   $I_{N \cdot ft}$——熔管额定电流（即熔断器额定电流），A；

$I_{N \cdot fs}$——熔件额定电流，A；

$I_{lo \cdot m}$——通过熔断器的最大长时负荷电流，A。

所选熔件应在最大长时负荷电流及设备启动电流的作用下不应熔断，在短路电流作用下可靠熔断；要求熔断器特性应与上级保护装置的动作时限相配合（即动作要有选择性），以免保护装置越级动作，造成停电范围的扩大。

对保护变压器的熔件，其额定电流可按变压器额定电流的 1.5～2 倍选取。

## 3.3.2   母线、绝缘子

### 1. 母线的类型

母线材料有铜、铝、铝合金等。在选择母线材料时，应遵循"以铝代铜"的技术政策。铜母线只用于持续工作电流大，且出线位置特别狭隘或污秽，对铝有严重腐蚀的场所。

母线形状有矩形、管形和多股绞线等种类。35kV 及以下高压开关柜的母线截面，通常选用硬铝矩形母线（LMY）。从散热条件、集肤效应、机械强度等因素综合考虑，矩形母线的高宽比通常采用 1/12～1/5。35kV 及以上的室外母线，一般采用多股绞线（如钢芯铝绞线），并用耐张绝缘子串固定在构件上，使得室外母线的结构和布置简单，投资少，维护方便。由于管形铝母线具有结构紧凑、构架低、占地面积小、金属消耗量少等优点，在室外得到推广使用。

矩形母线的散热和机械强度与导体布置方式有关。平放布置机械强度高，但散热条件差，长时允许电流下降。当母线宽度大于 60 mm 时，长时允许电流降低 8%；小

于 60mm 时降低 5%。

### 2. 母线支柱绝缘子和套管绝缘子

支柱绝缘子对母线起着支持、固定与绝缘等作用。母线穿过建筑物或其他物体时，必须用套管绝缘子绝缘。

（1）套管绝缘子类型。套管绝缘子按是否带导体可分为普通型（本身带导体）和母线型（不带导体）两种类型。

（2）套管绝缘子选择。普通套管绝缘子应按使用地点、额定电压、额定电流选择，并按短路条件校验其动、热稳定性。母线式穿墙套管因本身不带导体所以不按额定电流选，但应保证套管绝缘子形式与母线尺寸相配合。

套管绝缘子的额定电流是绝缘子内导体在环境温度为 40℃，最高发热温度为 80℃时的最大长时允许电流。当环境年最高温度（$\theta$）高于 40℃，且低于 60℃时，允许电流值可按下式进行修正：

$$I_{al}' = I_{al}\sqrt{\frac{80-\theta}{40}} \tag{3-2}$$

## 3.3.3 限流电抗器

### 1. 限流电抗器

供电系统的短路电流随着电力系统的装机容量增加而增大。过大的短路电流不但使设备选择困难，而且也很不经济。因此对过大的短路电流必须加以限制，使所选设备经济合理。设计规程规定，企业内部 10kV 以下电力网中的短路电流，通常应限制在 20kA 的范围内，煤矿井下 6～10kV 高压母线上的短路容量则规定不允许超过 100MVA。电抗器如图 3-5 所示。

图 3-5  电抗器

### 2. 限制短路电流的措施

限制短路电流的措施就是增加短路回路的总电抗。具体方法如下。

（1）改变供电系统的运行方式。对降压变电所供电系统设计时，其低压侧母线采用分裂运行方式，即所谓"母线硬分段"接线方式，以提高低压母线短路回路的总阻抗，得到限制低压母线和低压馈电回路短路电流。其优点是不需要增加设备，继电保护简单。当此方案在技术上或效果上不能满足要求时，才考虑在供电回路人为增加短路回路电抗的方法。

（2）在回路中串入限流电抗器来增加短路回路总阻抗。普通限流电抗器是用铜芯或铝芯绝缘电缆绕制而成的多匝空芯线圈，其电感值（$L$）与通过线圈的电流大小无关，所以在正常运行和短路状态下，其 $L$ 值将保持不变。将电抗器串联于线路首端，增加短路回路的总阻抗，保证供电线路发生短路时，将短路电流限制在所需要的范围内。

分裂电抗器在结构上与普通电抗器相似，只是绕组中心有一个抽头，将电抗器分为两个分支。一般中心抽头接电源，分支接大小相等的两组负荷。运行时具有通过负荷电流呈现电抗值小，通过短路电流呈现电抗值大的特点。

### 3. 普通电抗器的选择

电抗器除了按一般条件选择外，还应进行电抗百分数选择、电压损失和残压校验。

（1）额定电压选择。按所在电网电压选择电抗器的额定电压

$$U_{L.N} \geqslant U_{Ns} \tag{3-3}$$

式中　$U_{L.N}$——电抗器的额定电压，kV；

　　　　$U_{Ns}$——电抗器所在电网的额定电压，kV。

（2）额定电流选择。按所在线路的最大长时负荷电流选择电抗器的额定电流，即

$$I_{L.N} \geqslant I_{lo.m} \tag{3-4}$$

式中　$I_{L.N}$——电抗器的额定电流，A；

　　　　$I_{lo.m}$——线路的最大长时负荷电流，A。

（3）电抗百分值的选择。按短路电流限制到一定数值的要求来选择。设要求将装电抗器后的短路电流限制到 $I''$，则电源到装电抗器后的短路电的总电抗标幺值为 $X_L^* = I_d / I''$，设电源到电抗器前的系统原有电抗标幺值是 $X_s^*$，则所需电抗器的电抗标幺值为

$$X_L^* = \frac{I_d}{I''} - X_s^* \tag{3-5}$$

式中　$I_d$——基准电流，A；

　　　　$I''$——装电抗器后系统次暂态短路电流，A；

　　　　$X_s^*$——未装电抗器时系统原有电抗标幺值；

　　　　$X_L^*$——电抗器电抗标幺值。

根据电抗器的额定电压、额定电流可计算出电抗器在额定参数下电抗值的百分值，即

$$X_L\% = X_L^* \frac{I_{L.N}}{I_d} \frac{U_d}{U_{L.N}} \times 100\% \tag{3-6}$$

式中，$U_d$——基准电压，kV；

　　　　$U_{L.N}$——电抗器的额定电压，kV；

　　　　$I_{L.N}$——电抗器的额定电流，A。

#### 4. 电抗器校验

（1）正常运行时电压损失校验。正常运行时，电抗器有一定的电压降，考虑到电抗器电阻很小，其电压损失主要由无功分量产生，为了使用户的端电压不致过分降低，其应满足

$$\Delta U\% = X_{\text{L}}\% \frac{I_{\text{lo·m}}}{I_{\text{L·N}}} \sin\varphi \leqslant 5\% \tag{3-7}$$

式中　$\cos\varphi$——回路负荷的功率因数角。

（2）母线残余电压校验。若出线电抗器回路未装速断保护，为减轻短路对其他用户的影响，当短路直接发生在电抗器后面时，母线残压应不小于所在电网电压的 $60\%\sim70\%$，即

$$\Delta U_{\text{re}}\% = X_{\text{L}}\% \frac{I_{\text{k}}}{I_{\text{N}}} \geqslant (60\%\sim70\%) U_{\text{N}} \tag{3-8}$$

如果低于此值，则应选择 $X_{\text{L}}\%$ 大一级的电抗器，或者在出线上采用速断保护装置以减少电压降低的时间。

（3）动、热稳定校验。为了使动稳定性得到保证，应满足动稳定条件，即

$$i_{\text{es}} \geqslant i_{\text{sh}} \tag{3-9}$$

式中　$i_{\text{es}}$——电抗器的动稳定电流，kA；

　　　$i_{\text{sh}}$——电抗器后面三相短路冲击电流，kA。

为了使热稳定得到保证，应满足热稳定条件

$$I_{\text{ts}} \sqrt{t_{\text{ts}}} \geqslant I_{\infty} \sqrt{t_{\text{i}}} \tag{3-10}$$

式中，$I_{\text{ts}}$——电抗器的额定热稳定电流，kA；

　　　$t_{\text{ts}}$——电抗器的额定热稳定时间，s；

　　　$I_{\infty}$——稳态短路电流，kA；

　　　$t_{\text{i}}$——假想时间，s。

### 3.3.4　避雷器

避雷器（文字符号为 F，图形符号为 ⟰）是用于保护电力系统中电气设备的绝缘免受沿线路传来的雷电过电压或由操作引起的内部过电压的损害的设备，是电力系统中重要的保护设备之一。

避雷器是一种过电压限制器，它与被保护设备并联运行，当作用电压超过一定幅值以后避雷器总是先动作，泄放大量能量，限制过电压，保护电气设备。基本分类如下：

$$避雷器 \begin{cases} 保护间隙 \\ 管型避雷器 \\ 阀型避雷器 \begin{cases} 普通阀型避雷器（FS/FZ） \\ 磁吹阀型避雷器（FCZ/FCD） \end{cases} \\ 金属氧化物避雷器（MOA） \end{cases}$$

目前，国内使用的避雷器有保护间隙、管型避雷器、阀型避雷器（包括普通阀型

避雷器 FS、FZ 型和磁吹阀型避雷器）、氧化锌避雷器。常见的避雷器如图 3-6 所示。

图 3-6  常见的避雷器

对避雷器的基本技术要求：过电压作用时，避雷器要先于被保护设备放电，这需要由两者的全伏秒特性的配合来保证；避雷器应具有一定的熄弧能力，以便可靠地切断在第一次过零时的工频续流，使系统恢复正常。

### 1. 阀型避雷器

阀型避雷器由火花间隙和阀片组成，装在密封的瓷套管内。火花间隙是用铜片冲制而成，每对为一个间隙，中间用云母片（垫圈式）隔开，其厚度为 0.5～1mm。在正常工作电压下，火花间隙不会被击穿从而隔断工频电流，但在雷电过电压时，火花间隙被击穿放电。阀片是用碳化硅制成的，具有非线性特征。在正常工作电压下，阀片电阻值较高，起到绝缘作用，而在雷电过电压下电阻值较小。当火花间隙击穿后，阀片能使雷电流泄放到大地中去。而当雷电压消失后，阀片又呈现较大电阻，使火花间隙恢复绝缘，切断工频续流，保证线路恢复正常运行。必须注意：雷电流流过阀片时要形成电压降（称为残压），加在被保护电力设备上，残压不能超过设备绝缘允许的耐压值，否则会使设备绝缘击穿。

FS4-10 型和 FS-0.38 型阀型避雷器外形结构图分别如图 3-7（a）（b）所示。

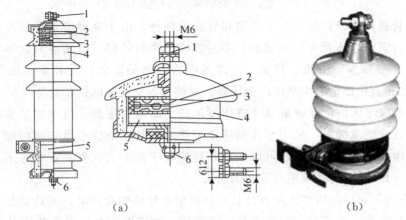

（a）                          （b）

图 3-7  高低压阀型避雷器外形结构图

（a）FS4—10 型；（b）FS—0.38 型

1—上接线端；2—火花间隙；3—云母片垫圈；4—瓷套管；5—阀片；6—下接线端

### 2. 氧化锌避雷器

氧化锌避雷器是目前最先进的过电压保护设备。在结构上由基本元件、绝缘底座构成，基本元件内部由氧化锌电阻片串联而成。电阻片的形状有圆饼形状，也有环状。其工作原理与阀型避雷器基本相似，由于氧化锌非线性电阻片具有极高的电阻而呈绝缘状态，有十分优良的非线性特性。在正常工作电压下，仅有几百微安的电流通过，因而无须采用串联的放电间隙，使其结构先进合理。

氧化锌避雷器主要有普通型（基本型）氧化锌避雷器、有机外套氧化锌避雷器、整体式合成绝缘氧化锌避雷器、压敏电阻氧化锌避雷器四种类型。氧化锌避雷器外形结构图如图3-8 所示。

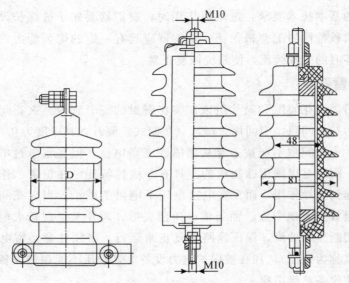

**图 3-8　三种氧化锌避雷器外形结构图**
（a）Y5W—10/27 型；（b）HY5WS（2）型；（c）ZHY5W 型

有机外套氧化锌避雷器分为无间隙和有间隙两种，由于这种避雷器具有保护特性好、通流能力强，且体积小、质量轻、不易破损、密封性好、耐污能力强等优点，前者广泛应用于变压器、电机、开关、母线等电力设备的防雷，后者主要用于 6kV～10kV 中性点非直接接地配电系统的变压器、电缆头等交流配电设备的防雷。

整体式合成绝缘氧化锌避雷器是整体模压式无间隙避雷器，该型产品采用少量的硅橡胶作为合成绝缘材料，采用整体模压成型技术。其主要特点是防爆防污、耐磨抗振能力强、体积小、质量轻，还可以采用悬挂绝缘子的方式，省去了绝缘子。因此主要用于 3kV～10kV 电力系统电气设备的防雷。

MYD 系列氧化锌压敏电阻避雷器是一种新型半导体陶瓷产品，其特点是通流容量大、非线性系数高、残压低，漏电流小、无续流、响应时间快。可应用于几伏到几万伏交直流电压的电器设备的防雷、操作过电压，对各种过电压具有良好的抑制作用。

### 3. 保护间隙

与被保护物绝缘并联的空气火花间隙叫作保护间隙（又叫作空气间隙），按结构形式可分为棒形、球形和角形三种。目前 3～35kV 线路广泛应用的是角形间隙。角形间隙由两根 $\phi10～12$mm 的镀锌圆钢弯成羊角形电极并固定在瓷瓶上，如图 3-9（b）所示。

正常情况下，间隙对地是绝缘的。当线路遭到雷击时，就会在线路上产生一个正常绝缘所不能承受的高电压，使角形间隙被击穿，将大量雷电流泄入大地。角形间隙击穿时会产生电弧，因空气受热上升，电弧转移到间隙上方，拉长而熄灭，使线路绝缘子或其他电气设备的绝缘不致发生闪络，从而起到保护作用。因主间隙曝露在空气中，容易被外物（如鸟、鼠、虫、树枝）短接，所以对本身没有辅助间隙的保护间隙，一般在其接地引线中串联一个辅助间隙，这样即使主间隙被外物短接，也不致造成接地或短路，如图 3-9（c）所示。

保护间隙灭弧能力较小，雷击后，保护间隙很可能切不断工频续流而造成接地短路故障，引起线路开关跳闸或熔断器熔断，造成停电，所以其只适用于无重要负荷的线路上。在装有保护间隙的线路上一般要求装设自动重合闸装置或自复式熔断器以提高供电可靠性。

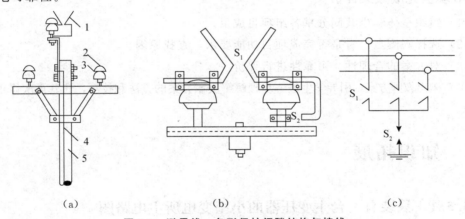

（a）　　　　　　　　　（b）　　　　　　　　　（c）

**图 3-9　避雷线、角形保护间隙结构与接线**

1—避雷线；2—固定瓷瓶；3—导线；4—避雷引下线；5—电杆

（a）顶线兼作避雷保护线；（b）角形保护间隙结构；（c）三相线路上保护间隙接线图

# 3.4　项目实施

### 1. 讨论并确定实施方案

任务 1：在平整场所，把国家电网的电源 35kV 引入企业变电站，变电站容量 800kVA，如何引入？

任务 2：在山地，把国家电网的电源 35kV 引入企业变电站，变电站容量 800kVA，如何引入？

（1）组织学生分组讨论，形成若干种方案。

（2）各组代表发言表述该组的设计方案，组织全体学生共同探讨该组方案的可行性、可靠性、经济性。

（3）点评各组方案的优缺点，解决该项目。

（4）帮助学生理解变电所电源引入装置的工作原理。

（5）帮助学生理解变电所电源引入装置的元件选取、接线、安装、调试、运行、维护、保养。

（6）各组根据讨论结果进行修正方案。

（7）绘出主接线图，给出方法。

### 2. 方案实施过程

（1）依据自己的方案绘制变电所电源引入装置的电路图、主接线图。

（2）选择电源引入装置电路的控制元件，并会使用、维修。

（3）变电所电源引入的接线、安装、维护、保养。

### 3. 项目完成效果评价

（1）组织全体学生共同分享各组项目成果。

（2）选择观测点：看是否完成项目功能要求，查找原因。

（3）对方案的合理性、可靠性进行评价。

（4）抛出教师方案，引导学生进一步理解解决该方案的方法和技巧，让其再次修正自己的方案。

# 3.5 知识拓展

## 3.5.1 只装有一台主变压器的小型变电所主电路图

只有一台主变压器的小型变电所，其高压侧一般采用无母线接线。高压侧采用隔离开关-断路器的变电所主电路如图 3-11 所示。这种主电路由于采用了高压断路器，因而变电所的停、送电操作十分灵活方便。同时，高压断路器都配有继电保护装置，在变电所发生短路和过负荷时均能自动跳闸。由于只有一路电源进线，因而此种接线一般只用于三级负荷；如果变电所低压侧有联络线与其他变电所相连，则可用于二级负荷。

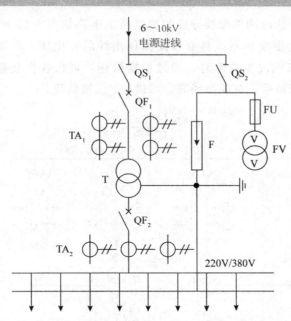

图 3-10 高压侧采用隔离开关-断路器的变电所主电路图

### 3.5.2 装有两台主变压器的小型变电所主电路图

高压侧无母线、低压侧单母线分段的变电所主电路如图 3-11 所示。这种主电路的供电可靠性较高。当任一主变压器或任一电源线停电检修或发生故障时，该变电所通过闭合低压母线分段开关，即可迅速恢复对整个变电所的供电。这种主电路可供一、二级负荷。

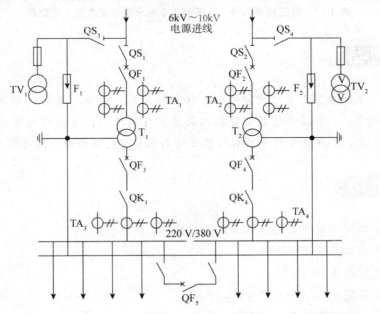

图 3-11 高压侧无母线、低压侧单母线分段的变电所主电路图

高压侧单母线、低压侧单母线分段的变电所主电路如图 3-12 所示。这种主电路适用于装有两台及以上主变压器或具有多路高压出线的变电所，其供电可靠性也较高。当任一主变压器检修或发生故障时，通过切换操作，可很快恢复整个变电所的供电，此电路可供二、三级负荷；有联络线时，可供一、二级负荷。

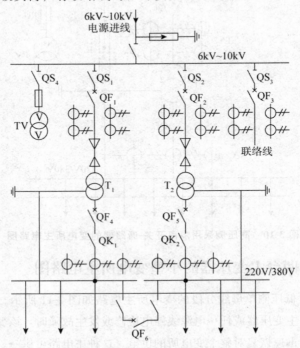

**图 3-12　高压侧单母线、低压侧单母线分段的变电所主电路图**

## ⚡ 项目小结

本项目主要讲述了变电所电源引入、接线、安装、调试、运行、维护、保养。通过本项目的学习，应掌握变电所电源引入装置类型与作用；掌握变电所电源引入装置电气元件的选取；了解变电所电源引入装置的高压架空线路和电缆线路的不同。

## ⚡ 项目练习

（1）企业变电所电源都通过哪些方式引入变电所？

（2）常用的高压元器件有哪些？

（3）高压熔断器如何操作？

（4）高压避雷器的作用有哪些？

（5）高压高压隔离开关如何操作？

（6）高压隔离开关的作用有哪些？

# 项目4 企业变电所

⚡ 知识目标

☞ 掌握企业变电所的组成；
☞ 掌握企业变电所中各柜体的名称；
☞ 掌握企业变电所中各柜体的作用；
☞ 熟悉企业变电所中各柜体的连接方法；
☞ 熟悉企业变电所中各柜体的连接方法。

⚡ 技能目标

☞ 训练学生的安全意识，培养学生的团队合作能力、组织管理能力、创新能力；
☞ 有效地处理日常生活中的各种需要和挑战的能力，并且在与他人、社会和环境的相互关系中表现出适应和积极的行为的能力；
☞ 企业变电所的设计与分析。

## 4.1 项目导入

本项目通过图 4-1～图 4-4 介绍了变电所的外观、结构、组成。

### 4.1.1 企业变电所（站）外观

企业变电所（站）外观如图 4-1 所示。

图 4-1 企业变电所（站）外观

### 4.1.2 企业变电所（站）内部组成

企业变电所（站）内部组成如图 4-2 所示。

图 4-2 企业变电所（站）内部组成

### 4.1.3 企业变电所（站）中央控制室

企业变电所（站）中央控制室如图 4-3 所示。

图 4-3 企业变电所（站）中央控制室

### 4.1.4 企业箱式变电站

企业箱式变电站如图 4-4 所示。

图 4-4 企业箱式变电站

# 4.2　项目分析

通过图 4-1～图 4-4 可以看出，变电所由高压部分、低压部分、变压器组成，高压部分的电压通过高压进线柜、计量柜、互感器柜、高压出线柜、变压器、低压出线柜、递延补偿柜、低压出线柜进入设备。

本项目涉及的内容有高压部分、低压部分、变压器部分。

# 4.3　知识衔接

## 4.3.1　企业变电所的组成

小型企业变电所由高压部分、低压部分、10kV 变压器组成。

### 1. 高压柜体

企业变电所的高压部分通常由 1♯电源进线柜（AH1）、1♯计量柜（AH2）、1♯电压互感器（AH3）、1♯变压器出线柜（AH4）、隔离柜（AH5）、联络柜（AH6）、2♯变压器出线柜（AH7）、2♯电压互感器（AH8）、2♯计量柜（AH9）、2♯电源进线柜（AH10）十面柜体组成。企业变电所的高压柜如图 4-5 所示。

图 4-5　高压柜

### 2. 低压柜体

企业变电所的低压部分由 9 面低压柜及两台 10kV 变压器组成。企业变电所的低压柜如图 4-6 所示。

图 4-6　低压柜

### 3. 高低压系统图

高低压系统如图 4-7 所示。

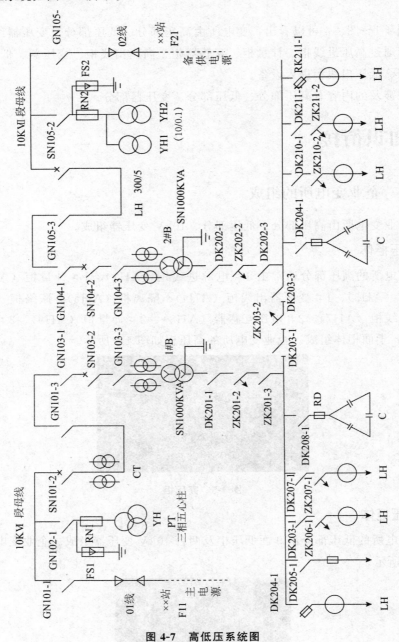

**图 4-7　高低压系统图**

### 4.3.2 变电所的布置

#### 1. 变电所布置方案

变电所的布置形式有户内、户外和混合式三种。户内式变电所变压器、配电装置安置于室内，工作条件好，运行管理方便；户外式变电所则将变压器、配电装置全部安装于室外；混合式部分装于室内，部分装于室外。变电所一般采用户内式。户内式又分为单层布置和双层布置，视投资和土地情况而定。35kV 户内变电所宜采用双层布置，6kV～10kV 变配电所宜采用单层布置。布置主要由变压器室、高压配电室、低压配电室、电容器室、控制室（值班室）、休息室、工具间等组成。变电所常用的几种平面布置方案如图 4-8 所示。

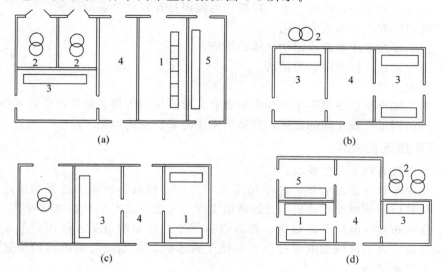

**图 4-8　变电所布置方案**

1—高压配电室；2—变压器室；3—低压配电室；

4—值班室；5—高压电容器室

（a）室内型，有两台变压器、值班室和电容器室；（b）室外型，有一台变压器、值班室；

（c）室内型，有一台变压器、值班室；（d）室外型，有两台变压器、值班室和电容器室

#### 2. 变电所的类型

变电所按其位置可分为车间附设变电所、车间内变电所、露天变电所、独立变电所、杆上变电台、地下变电所、楼上变电所、成套变电所、移动式变电所。车间内变电所的四面都在车间内部，适于负荷很大而且固定的大型车间。独立变电所建在距车间 12～25m 外的独立的建筑物内，其建筑费高，一般用于需远离有腐蚀或易燃易爆危险的场所。变电所的位置分类如图 4-9 所示。

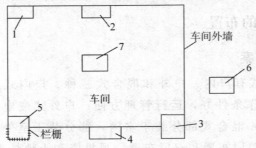

**图 4-9 变电所的位置分类**

1、2—内附式；3、4—外附式；5—露天式；6—独立式；7—车间内变电所

选择工厂变配电所的所址时应考虑下列原则。

（1）靠近负荷中心，以减少电压损耗、电能损耗及有色金属消耗量。

（2）进出线方便，靠近电源侧。

（3）避免设在多尘和有腐蚀性气体的场所。

（4）避免设在有剧烈震动的场所。

（5）运输方便。

（6）高压配电所应尽量与车间变电所或有大量高压用电设备的厂房合建在一起。

（7）不妨碍工厂或车间的发展，并适当考虑将来扩建的可能。

### 3. 变电所布置要求

变电所布置有以下几个要求。

（1）室内布置应紧凑合理，便于值班人员操作、检修、试验、巡视和搬运，配电装置安放位置应保证所要求的最小允许通道宽度，考虑今后发展和扩建的可能。

（2）合理布置变电所各室位置，高压电容器室与高压配电室、低压配电室与变压器室应相邻近，高、低压配电室的位置应便于进出线，控制室与值班室的位置应便于运行人员工作和管理。

（3）变压器室和高压电容器室应避免西晒，控制室和值班室应尽量朝南方，尽可能利用自然采光和通风。

（4）配电室的设置应符合安全和防火要求，对电气设备载流部分应采用金属网板隔离。

（5）高/低压配电室、变压器室、电容器室的门应向外开，相邻的配电室的门应双向开启。

（6）变电所内不允许采用可燃材料装修，不允许热力管道、可燃气管道等各种管道从变电所内经过。

## 4.3.3 变电所的结构

### 1. 变压器室

变压器室的结构设计要考虑变压器的安装方式（地平抬高或不抬高）、变压器的推进方式（宽面推进或窄面推进）、进线方式（架空或电缆）、进线方向、高压侧进线开关、通风、防火和安全，以及变压器的容量和外形尺寸。

（1）变压器外轮廓与墙壁的净距。干式变压器外轮廓与四周墙壁的净距不小于

0.6m，油浸式变压器外轮廓与变压器室墙壁和门的最小净距如表 4-1 所示。

**表 4-1　油浸式变压器外轮廓与变压器室墙壁和门的最小净距**

| 变压器容量/kVA | ≤1000 | ≥1250 |
| --- | --- | --- |
| 变压器外轮廓与后壁、侧壁净距/m | 0.6 | 0.8 |
| 变压器外轮廓与门的距离/m | 0.8 | 1.0 |

（2）变压器室的通风。变压器室一般采用自然通风，只设通风窗（不设采光窗）。进风窗设在变压器室前门的下方，出风窗设在变压器室的上方，并应有防止雨、雪及蛇、鼠虫等从门、窗及电缆沟进入室内的设施。通风窗的面积根据变压器的容量、进风温度及变压器中心标高至出风窗中心标高的距离等因素确定。按通风要求，变压器室地坪有抬高和不抬高两种形式。

（3）贮油池。选用油浸式变压器时，应设置容量为 100%变压器油量的贮油池，通常的做法是在变压器油坑内设置厚度大于 250mm 的卵石层，卵石层底下设置贮油池。在贮油池中砌有两道高出池面的放置变压器的基础。

（4）变压器室的门朝外开，按变压器的推进面有宽面推进和窄面推进两种。宽面推进时，变压器低压侧宜朝外，室门较宽。窄面推进，变压器的油枕宜向外，室门窄一些。一般变压器室的门比变压器推进时的宽度要大 0.5m。

变压器室布置如图 4-10 所示。

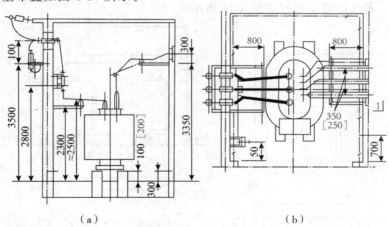

**图 4-10　变压器室布置图**
（a）剖面图；（b）平面图

（5）变压器的防火。设置贮油池或挡油设施是防火措施之一，可燃油油浸式变压器室的耐火等级应为一级，非燃或难燃介质的电力变压器室的耐火等级不应低于二级。此外，变压器室内的其他设施如通风窗材料等应使用非燃材料。

### 2. 高压配电室的结构

高压配电室的结构主要取决于高压开关柜的数量、布置方式（单列或双列）、安装

方式（靠墙或离墙）等因素，为了操作和维护的方便和安全，应留有足够的维护通道，考虑到发展还应留有适当数量的备用开关柜或备用位置。高压配电室内各种通道的最小宽度如表4-2所示。

**表4-2　高压配电室内各种通道最小宽度**　　　　　　　　单位：mm

| 开关柜布置方式 | 柜后维护通道 | 柜前维护通道 | |
|---|---|---|---|
| | | 固定式柜 | 手车式柜 |
| 单列布置 | 800 | 1500 | 单车长度＋1200 |
| 双列面对面布置 | 800 | 2000 | 双车长度＋900 |
| 双列背对背布置 | 1000 | 1500 | 单车长度＋1200 |
| 靠墙布置 | 柜后与墙净距应大于50mm，侧面与墙净距应大于200mm | | |

高压配电室高度与开关柜形式及进出线情况有关，采用架空进出线时高度为4.2m以上，采用电缆线进出线时，高压开关室高度为3.5m。开关柜下方宜设电缆沟，柜前或柜后也应设电缆沟。

高压配电室的门应向外开，相邻配电室之间有门时，应能双向开启，长度超过7m时应设两个门。高压配电室宜设不能开启的自然采光窗，并应设置防止雨水、雪和蛇、鼠虫等从采光窗、通风窗、门、电缆沟等进入室内的设施。高压配电室的耐火等级不应低于二级。高压配电室布置如图4-11所示。

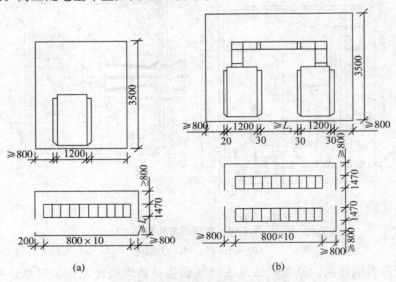

**图4-11　高压配电室布置图（GFC-10高压开关柜）**

1—高压支柱绝缘子（上有母线夹具）；2—高压母线；3—母线桥

（a）GFC—10型高压开关柜单列布置；（b）GFC—10型高压开关柜双列布置

### 3. 低压配电室

低压配电室的结构主要取决于低压开关柜的数量、尺寸、布置方式（单列或双列）、安装方式（靠墙或离墙）等因素。低压配电室内各种通道宽度应不小于表 4-3 所列值。

表 4-3 低压配电室内各种通道最小净距　　　　　　　　单位：mm

| 配电屏布置方式 | | 屏前通道 | 屏后通道 |
|---|---|---|---|
| 固定式 | 单列布置 | 1500 | 1000 |
| | 双列面对面布置 | 2000 | 1000 |
| | 双列背对背布置 | 1500 | 1500 |
| 抽屉式 | 单列布置 | 1800 | 1000 |
| | 双列面对面布置 | 2300 | 1000 |
| | 双列背对背布置 | 1800 | 1000 |

低压配电室兼作值班室时，配电屏正面距墙壁不宜小于 3m。低压配电室的高度，一般可参考下列尺寸：

（1）与抬高地坪变压器室相邻时，其高度为 4～4.5m。

（2）与不抬高地坪变压器室相邻时，其高度为 3.5～4m。

（3）配电室为电缆进线时，其高度为 3m。

低压配电室长度超过 8m 时，东西端各设置一个门，门向外开，超过 15m 时还应增加一个出口。低压开关柜下方宜设电缆沟。

低压配电室可设能开启的自然采光窗，但临街的一面不宜开窗；并应有防止雨、雪和蛇、鼠虫等进入室内的设施。低压配电室的防火等级不低于三级。低压配电室布置如图 4-12 所示。

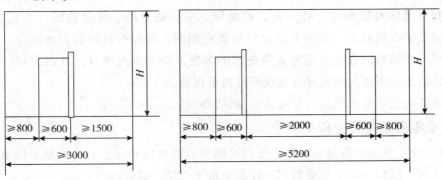

图 4-12　低压配电室布置图

### 4. 高压电容器室

高压电容器一般都装在电容器柜内，装设在高压电容器室。电容器室的结构主要

取决于电容器柜的数量、布置方式（双列或单列）、安装方式（靠墙或离墙）等因素。

电容器柜单列布置时，柜正面与墙面之间的距离不小于1.5m，双列布置时，柜面之间的距离不小于2.0m。

电容器室应有良好的自然通风，长度大于7m的高压电容器室应设两个出口，并宜设在两端，电容器室的门应向外开。电容器室也应该设置防止雨、雪和蛇、鼠、虫等从采光窗、通风窗、门、电缆沟等进入室内的设施。

电容器室的耐火等级不应低于二级。高压电容器布置图如图4-13所示。

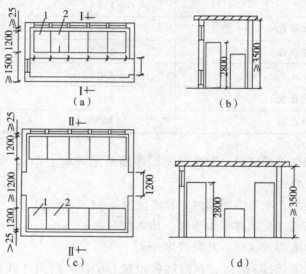

**图4-13　高压电容器室布置图**

(a) GR—Ⅰ型电容器柜单列布置；(b) Ⅰ—Ⅰ剖面；
(c) GR—Ⅰ型电容器柜双列布置；(d) Ⅱ—Ⅱ剖面

### 5. 控制室

控制室通常与值班室合在一起，控制屏、中央信号屏、继电器屏、直流电源屏、所用电屏安装在控制室。控制室位置的设置宜朝南，且应有良好的自然采光，室内布置应满足控制操作的方便及运行人员进出的方便，并应设两个可向外的出口，门应向外开。值班室与高压配电室宜直通或经过通道相通。

值班室内还应考虑通信（如电话）、照明等问题。

### 6. 变电所布置和结构实例

35kV变电所平面布置（双层）及剖面结构如图4-14所示。该变电所采用室内双层布置（局部一层），35kV配电装置和控制室位于二层，其余均在一层。

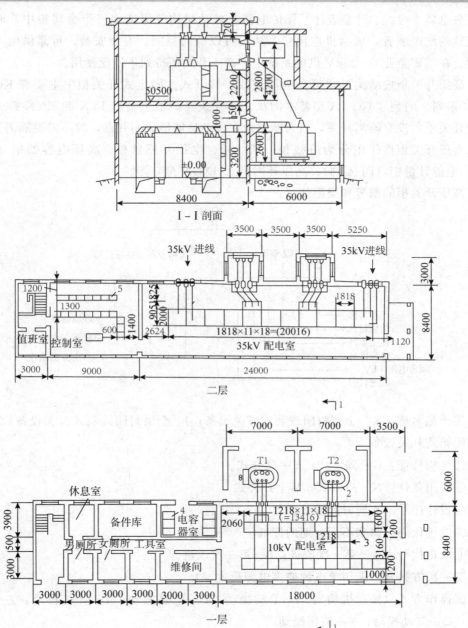

**图 4-14　35kV 变电所平面布置（双层）及剖面结构图**

1—GBC-35A（F）型开关柜；2—SL7-6300/35 型变压器

3—KGN-10 型开关柜；4—GR-1 型 10kV 电容器柜；5—PK-1 型控制柜

## 4.3.4　高压开关柜

### 1. 高压开关柜的种类

高压开关柜属于高压成套配电装置。它是由制造厂按一定的接线方式将同一回路的开关电器、母线、计量表计、保护电器及操动机构等组装在一个金属柜中，成为一套完整的配电装置，成套供应用户，从而可以节约空间、方便安装、可靠供电，美化环境。在工矿企业6～35kV供电系统中，高压开关柜得到了广泛使用。

高压开关柜按结构形式可分为固定式、移开式。固定式开关柜中主要有KGN和XGN系列，旧型号GG-1A型基本淘汰。移开式开关柜主要有JYN和KYN系列；移开式开关柜中没有隔离开关，因为断路器在移动后能形成断开点，故不需要隔离开关。

高压开关柜按作用分为进线柜、馈线柜、电压互感器柜、高压电容器柜（GR-1型）、电能计量柜（PJ系列）、高压环网柜（HXGN型）等。

高压开关柜的型号和类型如下：

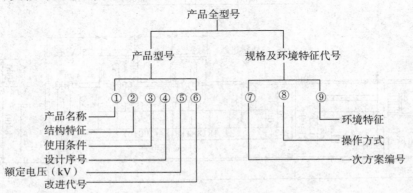

其中，

①产品名称：K—金属封闭铠装式开关设备；J—金属封闭间隔式开关设备；X—金属封闭箱式开关设备。

②结构特征：G—固定式；Y—移开式。

③使用条件：N—户内式；W—户外式。

④设计序号：不同时间设计的

⑤改进代码：国家不同时期的标准

⑥改进代号：A—第一次改进；B—第二次改进。

⑦一次方案号：采用单电源或多电源形式

⑧操作方式（操动机构）：S—手动操动；D—电磁操动；T—弹簧操动；Z—重锤操动；Q—气动操动；Y—液压操动

⑨环境特征：TH—用于温热带；TA—用于干热带；G—用于高海拔；F—用于化学腐蚀的场所；H—用于高寒地区。

例如：型号为JYN2-15B/01D表示金属封闭间隔式、户内安装、设计序号为2、额定电压15kV、第二次改进、一次方案为01、电磁机构操作的开关设备。

（1）KYN系列高压开关柜。KYN系列金属铠装移开式开关柜是消化吸收国外先进技术，根据国内特点自行设计研制的新一代开关设备。KYN-28型开关柜由手车室、母线室、电缆室、继电仪表室四部分组成，如图4-15所示。

当设备损坏或检修时可以随时拉出手车，再推入同类型备用手车，即可恢复供电，因此具有检修方便、安全、供电可靠性高等优点。

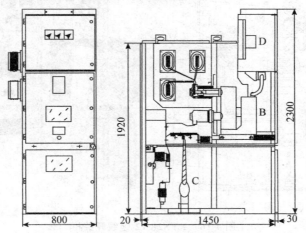

**图 4-15  KYN28A-12 结构外形图**

A—母线室；B—断路器手车室；C—电缆室；D—仪器仪表室

开关柜在结构设计上具有"五防"措施。

①高压开关柜内的真空断路器小车在试验位置合闸后，小车断路器无法进入工作位置。（防止带负荷合闸）

②高压开关柜内的接地刀在合位时，小车断路器无法进合闸。（防止带接地线合闸）

③高压开关柜内的真空断路器在合闸工作时，盘柜后门用接地刀上的机械与柜门闭锁。（防止误入带电间隔）.

④高压开关柜内的真空断路器在工作时合闸，合接地刀无法投入。（防止带电挂接地线）

⑤高压开关柜内的真空断路器在工作合闸运行时，无法退出小车断路器的工作位置。（防止带负荷拉刀闸）

因为有"五防"连锁，故只有当断路器处于分闸位置时，手车才能抽出或插入。手车在工作位置时，一次、二次回路都连通；手车在试验位置时，一次回路断开，二次回路仍然接通；手车在断开位置时，一次、二次回路都断开。断路器与接地开关有机械连锁，只有断路器处于跳闸位置时，手车抽出，接地开关才能合闸。当接地开关在合闸位置时，手车只能推到试验位置，有效防止带接地线合闸。如图 4-16 所示为 KYN28A-12（Z）B 型铠装移开式交流金属开关设备。

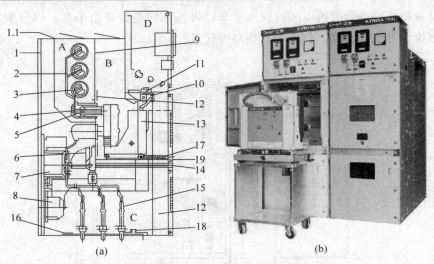

图 4-16  KYN28-12 馈线开关柜

A—母线隔室；B—断路器隔室；C—电缆隔室；D—仪表隔室

1—外壳；1.1—压力释放；1.2—控制电缆盖；2—分支母线；3—母线；4—静触头装置；5—弹簧触头；

6—接地开关；7—电流互感器；8—电压互感器；9—装卸式隔；10—二次插头；11—辅助开关；

12—活动帘；13—可抽出式手车；14—接地闸刀操作机构；15—电缆密封终端；16—底；

17—丝杆机构；18—接地主母线；19—装卸式水平隔板

（a）KYN28-12 馈线开关柜基本结构剖面图；（b）KYN28A-12（Z）B 型铠装移式交流金属开关设备外形

ABB 公司生产的 ZSl 型中置柜结构图如图 4-17 所示。ZSl 型开关柜由固定的柜体和可抽出的部件（手车）两大部分组成。根据柜内电气设备的功能，柜体用隔板分成四个不同的功能单元，如图所示的母线室 A、断路器室 B、电缆室 C、低压室 D。

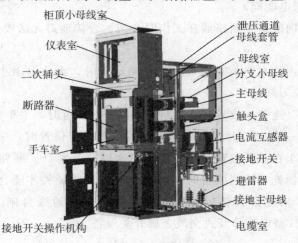

图 4-17  ZSl 型中置柜结构图

手车可配置 VD4 型真空断路器手车、HA 型 SF6 断路器手车、VRCZC 型熔断器-真空接触器手车、电流互感器手车、电压互感器手车、隔离开关手车等。

开关柜内可装设检测一次回路运行情况的带电显示装置，该装置由高压传感器和显示器两部分组成。传感器安装在馈线侧，显示器安装在开关柜的电压室面板上。

（2）XGN2-10 型开关柜。XGN2-10 型箱型固定式金属封闭开关柜是一种新型的产品，采用 ZN28A-10 系列真空断路器和 GN30-10 型旋转式隔离开关，技术性能高，设计新颖。柜内仪表室、母线室、断路器室、电缆室分隔封闭，使之结构更合理、安全，可靠性能高，运行操作及检修维护方便。在柜与柜之间加装了母线隔离套管，避免了一柜故障而波及邻柜。XGN37-12 箱式固定开关柜如图 4-18 所示。

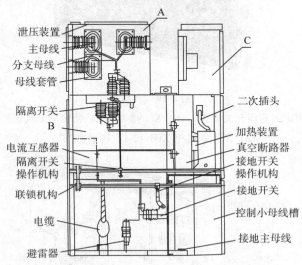

**图 4-18　XGN37-12 箱式固定开关柜**

A—母线室；B—断路器室；C—仪器仪表室

为了适应不同接线的要求，高压开关柜的一次回路由隔离开关、负荷开关、断路器、熔断器、电流互感器、电压互感器、避雷器、电容器等组成多种一次接线方案。各高压开关柜的二次回路则根据计量、保护、控制、自动装置与操动机构等各方面的不同要求也组成多种二次接线方案。为了选用方便，一、二次接线方案均指其固定的编号。

固定式高压开关设备如图 4-19 所示，GG-1A（F）-07S 型高压开关柜（断路器柜）如图 4-20 所示。

(a)　　　　　　　　　　　　(b)

**图 4-19　固定式高压开关设备**

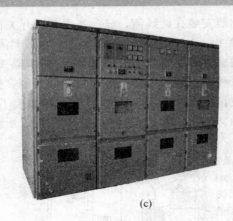

(c)

图 4-19 （续）

（a）GG-1A（F）型固定式高压开关设备；（b）XGN2-12（Z）箱型固定式交流金属封闭开关设备；
（c）高压并机柜 XGN15-12/P（固定式）

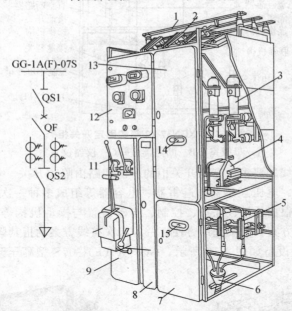

**图 4-20　GG-1A（F）-07S 型高压开关柜（断路器柜）**

1—母线；2—母线侧隔离开关（QS1，GN8-10 型）；3—少油断路器（QF，SN10-10 型）

4—电流互感器（TA，LQJ-10 型）；5—线路侧隔离开关（QS2，GN6-10 型）；6—电缆头

7—下检修门；8—端子箱门；9—操作；10—断路器的手动操作机构（CS2 型）

11—隔离开关的操作机构手柄；12—仪表继电器屏；13—上检修门；14，15—观察窗口

## 2. 高压开关柜的选择

（1）选择高压开关柜型号。这主要根据负荷等级选择高压开关柜的型号。一般情况下，一、二级负荷选择移开式开关柜，如 KYN2、JYN1 型开关柜；三级负荷选择固

定式开关柜；如 KGN 型开关柜。

（2）选择开关柜回路方案编号。每一种型号的开关柜，其回路方案号有几十种甚至上百种，可根据主接线方案选择相应的开关柜回路方案号。在选择二次接线方案时，应首先确定是交流还是直流控制，然后再根据柜的用途及计量、保护、自动装置、操动机构的要求，选择二次接线方案编号。但要注意，成套柜中的一次设备必须按上述高压设备的要求项目进行校验合格才行。

（3）选择高压开关柜的原则。

①据使用环境和工作条件决定开关柜类型和相应的电气设备。

②据变配电所一次电路图的要求并经几个方案的技术经济比较，优选开关柜及其一次方案编号，并确定一、二次设备型号和规格。

③结合控制、计量、保护和信号等方面要求，选用或自行设计二次接线，并确定二次设备型号和规格。

### 4.3.5　低压配电柜

按一定线路方案将有关一、二次设备组装而成的一种低压成套配电装置。

### 1. 固定式

GCK 低压抽出式开关柜（以下简称"开关柜"）由动力配电中心（PC）柜和电动机控制中心（MCC）两部分组成。该装置适用于交流 50（60）HZ、额定工作电压小于或等于 660V、额定电流 4000A 及以下的控配电系统，作为动力配电、电动机控制及照明等配电设备。GCK 型交流配电柜产品型号如图 4-21 所示。

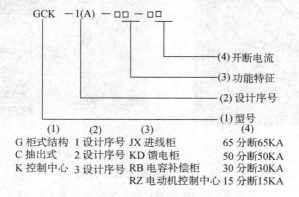

$$\text{GCK} \quad -1(A) \quad -\square\square \quad -\square\square$$

（4）开断电流
（3）功能特征
（2）设计序号
（1）型号

| (1) | (2) | (3) | (4) |
| --- | --- | --- | --- |
| G 柜式结构 | 1 设计序号 | JX 进线柜 | 65 分断65KA |
| C 抽出式 | 2 设计序号 | KD 馈电柜 | 50 分断50KA |
| K 控制中心 | 3 设计序号 | RB 电容补偿柜 | 30 分断30KA |
| | | RZ 电动机控制中心 | 15 分断15KA |

**图 4-21　GCK 型交流配电柜产品型号**

GCK 开关柜符合 IEC60439-1《低压成套开关设备和控制设备》、GB7251.1-1997《低压成套开关设备和控制设备》、GB/T14048.1-93《低压开关设备和控制设备总则》等标准。且具有分断能力高、动热稳定性好、结构先进合理、电气方案灵活、系列性、通用性强、各种方案单元任意组合、一台柜体。所容纳的回路数较多、节省占地面积、防护等级高、安全可靠、维修方便等优点。

GDL1、GDL2、GDL3 在电力系统中用得较多，民用建筑仅用于三级及容量较小的二级

负荷系统中，GGL、GGD 使用较多。GGD（NGG1）型低压固定式开关柜如图 4-22 所示。

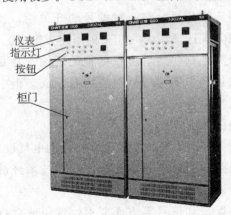

图 4-22　GGD（NGG1）型低压固定式开关柜

### 2. 抽出式

低压抽出式开关柜具有外形紧凑，操作安全，易于检修与维护，更换故障开关容易，缩短故障开关停电时间等特点。常用的有 GCK 型、GCL 型及模数制的抽出式开关柜，MUS 型及 MZS 型目前主要用在大容量的一、二类建筑中。NMNS（NGC3）型低压抽出式开关柜如图 4-21 所示。

 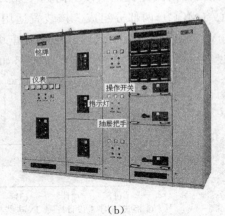

（a）　　　　　　　　　　　　　　（b）

图 4-21　低压抽出式开关柜

（a）低压开关柜 GCK 型；（b）NMNS（NGC3）型

# 4.4　项目实施

### 1. 讨论并确定实施方案

任务：通过参观企业变电所，说出企业变电所高低压部分的组成、绘制企业变电所常用的主接线图。

（1）组织学生分组讨论，形成若干种方案。

（2）各组代表发言表述该组的设计方案，组织全体学生共同探讨该组方案的可行性、可靠性、经济性。

（3）点评各组方案的优缺点，解决该项目。

（4）帮助学生理解结构和工作原理。

（5）各组根据讨论结果进行修正方案。

（6）绘出框图，给出方法。

**2. 方案实施过程**

（1）认识变电所。

（2）依据自己的方案绘制企业变电所的结构、工作原理图。

（3）根据实物解剖组成。

**3. 项目完成效果评价**

（1）组织全体学生共同分享各组项目成果。

（2）选择观测点：看是否完成项目功能要求，查找原因。

（3）对方案的合理性、可靠性进行评价。

（4）抛出教师方案，引导学生进一步理解解决该方案的方法和技巧，让其再次修正自己的方案。

# 4.5　知识拓展

变电站电缆和导线布线设计原则如下。

（1）交流和直流回路不应合用一根电缆。

（2）强电和弱电回路不应合用一根电缆。

（3）保护电缆和电力电缆不应同层敷设。

（4）交流电压和交流电流不应合用一根电缆。

（5）双重化配置的保护不应合用一根电缆。

（6）保护用的电缆敷设路径，应尽可能避开高压母线及高频暂态电流的入地点，如避雷器引下线的入地点、并联电容器、电容式电压互感器、电容器套管等设备。

（7）与保护装置连接的同一回路应合用一根电缆。

## ⚡ 项目小结

本项目主要讲述了企业变电所的结构、工作原理、安装、维护、应用。通过本项目的学习，应掌握企业变电所的组成；掌握企业变电所中各柜体的名称；掌握企业变电所中各柜体的作用；熟悉企业变电所中各柜体的连接方法；熟悉企业变电所中各柜体的连接方法。

## ⚡ 项目练习

（1）企业变电所由哪些部分组成？

（2）高压进线柜分哪些控制室？

（3）常见的高压柜有哪些型号？

（4）企业变电所如何布线？

（5）企业变电所的安全措施有哪些？

# 项目5 进 线 柜

## 知识目标

☞掌握进线柜的接线，对一般现场故障会查找并排除；

☞会应用所学知识分析其控制线路，根据控制要求设计电气控制线路，并会安装与调试；

☞掌握进线柜的操作及维修。

## 技能目标

☞训练学生的安全意识，培养学生的团队合作能力、组织管理能力、创新能力；

☞有效地处理日常生活中的各种需要和挑战的能力，并且在与他人、社会和环境的相互关系中表现出适应和积极的行为的能力。

## 5.1 项目导入

本项目通过图5-1和图5-2介绍了进线柜的外观、结构、组成、主接线、控制电路接线。

### 5.1.1 进线柜结构

进线柜外观如图5-1所示。

**图5-1 进线柜外观图**

### 5.1.2 进线柜主接线

进线柜主接线如图 5-2 所示。

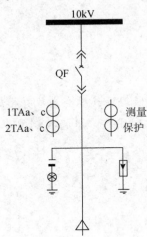

**图 5-2 进线柜主接线**

### 5.1.3 进线柜控制回路

进线柜控制回路如图 5-3 所示。

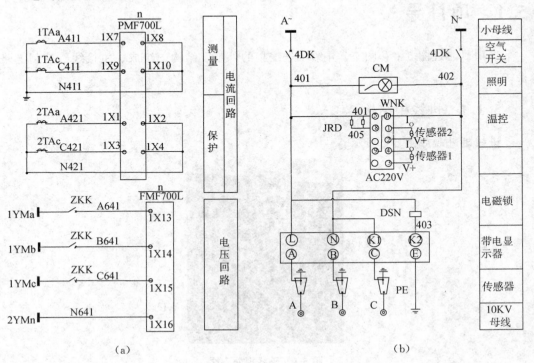

（a） （b）

**图 5-3 进线柜控制回路**

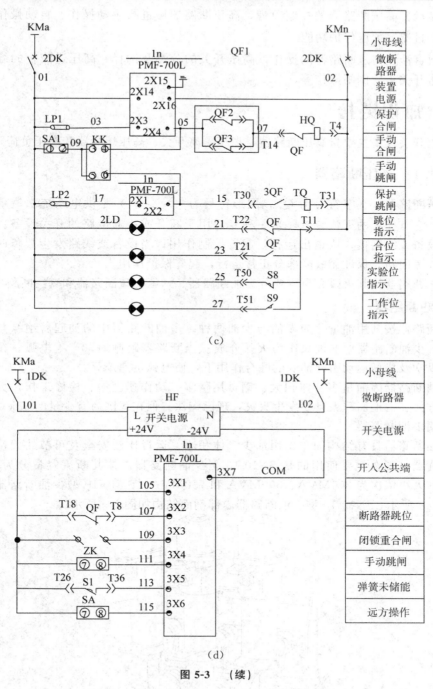

（c）

（d）

**图 5-3　（续）**

## 5.2　项目分析

　　进线柜的主要开关元件为高压断路器，主接线显示了高压断路器的进线原理，控制电路显示了高压断路器的控制原理，高压断路器可进行手动操作、自动操作，并具有过压、过流、欠压保护功能。

本项目涉及高压断路器的操作，高压开关的分类及选择，高压进线柜的维护与保养，高压开关柜的倒闸操作等。

# 5.3　知识链接

高压开关设备主要指高压断路器、高压隔离开关、高压熔断器和高压负荷开关等。

## 5.3.1　高压断路器

高压断路器（文字符号为 QF，图形符号为 ⚊✕╱⚊）是供电系统中最重要的设备之一。它有完善的灭弧装置，是一种专门用于断开或接通电路的开关设备。正常运行时把设备或线路接入或退出运行，起着控制作用；当设备或线路发生故障时，能快速切除故障回路，保证无故障部分正常运行，起着保护作用。

高压断路器按其灭弧介质主要分为油断路器、六氟化硫断路器和真空断路器等。

### 1. 油断路器

油断路器按其用油量分为多油与少油两种。多油断路器中的油起着绝缘与灭弧两种作用；少油断路器中的油只作为灭弧介质。当断路器跳闸时，产生电弧，在油流的横吹、纵吹及机械运动引起油吹的综合作用下，使电弧迅速熄灭。

多油断路器因油量多、体积大、钢材用量多、动作速度慢、检修工作量大、安装搬运不方便、占地面积大且易发生火灾，现已淘汰。但在我国尚有少量的 35kV 变电所还在使用多油断路器。

少油断路器具有结构简单、用油少、体积小、运行比较安全及可节约大量的油和钢材的优点。现在主要使用的是 SN10-10 型少油断路器，按其断流容量分为Ⅰ、Ⅱ、Ⅲ型，其大小依次为 300MVA、500MVA 和 750MVA。SN10-10 型少油断路器外形结构如图 5-4 所示，SN10-10 型少油断路器内部剖面结构如图 5-5 所示。

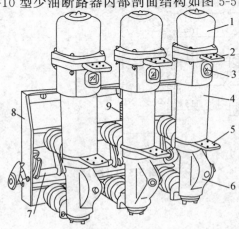

**图 5-4　SN10-10 型少油断路器外形结构图**
1—铝帽；2—上接线端子；3—油标；4—绝缘筒；5—下接线端子；
6—基座；7—主轴；8—框架；9—断路弹簧

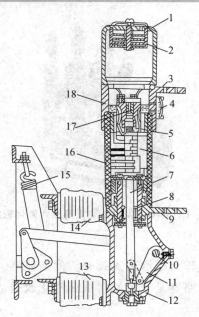

**图 5-5　少油断路器内部剖面结构图**

1—铝帽；2—油气分离器；3—上接线端子；4—油标；5—插座式静触头；6—灭弧室；

7—动触头；8—中间滚动触头；9—下接线端子；10—转轴；11—拐臂；12—基座；

13—下支柱绝缘子；14—上支柱绝缘子；15—断路弹簧；16—绝缘筒；17—逆止阀；18—绝缘油

少油断路器主要由油箱、传动机构和框架三部分组成。油箱是断路器的核心部分，油箱的上部设有油汽分离室，其作用是将灭弧过程中产生的油气混合物旋转分离，气体从顶部排气孔排出，而油则沿内壁流回灭弧室。

当断路器跳闸时，产生电弧，在油流的横吹、纵吹及机械运动引起的油吹的综合作用下，使电弧迅速熄灭。

### 2. 六氟化硫断路器

六氟化硫断路器是利用六氟化硫（$SF_6$）气体作为绝缘和灭弧介质的断路器，是 20 世纪 50 年代后发展起来的一种新型断路器。由于 $SF_6$ 气体具有优良的绝缘性能和灭弧特性，其发展较快。可以在 6kV～500kV 系统使用，目前主要用在 110kV 及以上的电力系统中。

$SF_6$ 断路器灭弧室的结构形式有压气式、自能灭弧式（旋弧式、热膨胀式）和混合灭弧式。我国生产的 LN1 型、LN2 型 $SF_6$ 断路器为压气式灭弧结构，LW3 型户外式 $SF_6$ 断路器采用悬弧式灭弧结构。$SF_6$ 断路器操动机构主要采用弹簧、液压操动机构。LW8-40.5 型户外交流高压六氟化硫断路器如图 5-6 所示。

**图 5-6 LW8-40.5 型户外交流高压六氟化硫断路器**

### 3. 真空断路器

真空断路器是利用真空作为绝缘和灭弧介质的断路器。真空断路器按安装地点分为户内式和户外式；真空断路器是变电站实现无油化改造的理想设备。目前主要用在 35kV 及以下供电系统中。

真空断路器的触头为圆盘状，被放置在真空灭弧室内，如图 3-8 所示。在触头刚分离时，由于真空中没有可被游离的气体，只有高电场发射和热电子发射使触头间产生真空电弧。电弧的温度很高，使金属表面形成金属蒸汽，由于触头设计为特殊形状，在电流通过时产生一个横向磁场，使真空电弧在主触头表面切线方向快速移动，电弧自然过零时，电弧暂时熄灭，触头间的介质强度迅速恢复；电流过零后，外加电压虽然恢复，但触头间隙不会再被击穿，真空电弧在电流第一次过零时就能完成熄灭。ZN3-10 型真空断路器真空室结构如图 5-7 所示，ZN3-10 型真空断路器如图 5-8 所示，ZN63A-12 型（VS1）户内交流高压真空断路器如图 5-9 所示，ZN28A-12 系列户内交流高压真空断路器如图 5-10 所示。

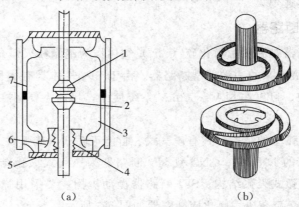

（a）　　　　　　　　　　　　　（b）

**图 5-7 真空断路器真空室结构**

1—静触头；2—动触头；3—屏蔽罩；4—波纹管；

5—与外壳接地的金属法兰盘；6—波纹管屏蔽罩；7—波壳

（a）真空断路器的灭弧室结构；（b）内螺槽接头

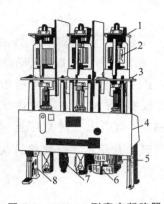

**图 5-8　ZN3-10 型真空断路器**

1—上接线端（后面出线）；

2—真空灭弧室（内有触头）；

3—下接线端（后面出线）；4—操动机构箱；

5—合闸电磁铁；6—分闸电磁铁；

7—断路弹簧；8—底座

**图 5-9　ZN63A-12 型（VS1）户内交流
高压真空断路器**

**图 5-10　ZN28A-12 系列户内交流高压真空断路器**

## 5.3.2　高压负荷开关

### 1. 高压负荷开关的种类

负荷开关（文字符号为 QL，图形符号为—◠—）是专门用于接通和断开负荷电流的开关设备。高压负荷开关有简单的灭弧装置和明显的断开点，可通断负荷电流和过负荷电流，又具有隔离开关的作用，但不能断开短路电流。在大多数情况下，负荷开关厂与熔断器一起使用，借助熔断器来切除故障电流，可广泛应用于城网和农村电网改造，主要用于 6kV～10kV 等级电网。

高压负荷开关按灭弧介质主要分为产气式、压气式、真空式和 $SF_6$ 等类型；按安装地点分户内式和户外式两大类；按有无接地开关又可分为不接地、单接地、双接地三类。10kV 高压隔离开关型号较多，常用的有 GN8、GN19、GN24、GN28、GN30 等系列。

### 2. 高压负荷开关的特点

负荷开关结构简单、尺寸小、价格低，适合于无油化、不检修、要求频繁操作的场合。与熔断器配合可作为容量不大（400kVA 以下）或不重要用户的电源开关，以代替断路器。

负荷开关按额定电压、额定电流选择，按动、热稳定性进行校验。当配有熔断器时，应校验熔断器的断流容量，其动、热稳定性可不作校验。FN3-10RT 户内压气式负荷开关外形结构如图 5-11 所示，FZRN21-12D/T125-31.5 型户内交流高压真空负荷开关-熔断器组合电器如图 5-12 所示，FLRN36-12D 型户内交流高压六氟化硫负荷开关—熔断器组合电器如图 5-13 所示。

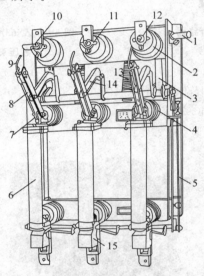

**图 5-11　FN3-10RT 户内压气式负荷开关外形结构图**

1—主轴；2—上绝缘子兼气缸；3—连杆；4—下绝缘子；5—框架；6—RN1 型熔断器；

7—下触座；8—闸刀；9—弧动触头；10—绝缘喷嘴（内有弧静触头）；11—主静触头；

12—上触座；13—断路弹簧；14—绝缘拉杆；15—热脱扣器

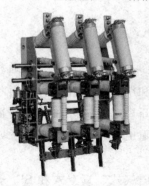

**图 5-12　FZRN21-12D/T125-31.5 型**
**户内交流高压真空负荷开关外观图**

**图 5-13　FLRN36-12D 型户内**
**交流高压六氟化硫负荷开关外观图**

## 5.4 项目实施

**1. 讨论并确定实施方案**

任务：解剖高压进线柜，熟悉高压开关柜的电器元件及连接关系，绘制高压开关柜工作原理图和主接线图。

(1) 组织学生分组讨论，形成若干种方案。

(2) 各组代表发言表述该组的设计方案，组织全体学生共同探讨该组方案的可行性、可靠性、经济性。

(3) 点评各组方案的优缺点，解决该项目。

(4) 帮助学生理解进线柜工作原理。

(5) 帮助学生理解进线柜电气控制的接线、安装、调试、运行、维护、保养。

(6) 各组根据讨论结果进行修正方案。

(7) 绘出主接线图，给出方法。

**2. 方案实施过程**

(1) 依据自己的方案绘制进线柜电气控制的电路图、主接线图。

(2) 选择进线柜电气控制电路控制元件，并会使用、维修。

(3) 进线柜电气控制的接线、安装、调试、运行、维护、保养。

**3. 项目完成效果评价**

(1) 组织全体学生共同分享各组项目成果。

(2) 选择观测点，看是否完成项目功能要求，查找原因。

(3) 对方案的合理性、可靠性进行评价。

(4) 抛出教师方案，引导学生进一步理解解决该方案的方法和技巧，让其再次修正自己的方案。

# 5.5 知识拓展

### 5.5.1 高压断路器选择原则

先按正常条件选择，然后按短路情况进行校验。另外，断路器的额定开断电流必须大于电路中可能通过断路器的最大短路电流，以保证断路器可靠灭弧。

**1. 按正常工作条件选择**

(1) 高压断路器的额定电压应与装设地点电网电压相符。

(2) 高压断路器的额定电流应大于或等于电路中长期最大工作电流。

(3) 高压断路器型式应根据装设环境条件选择。如装在户外应选择户外型断路器；

装在户内应选择户内型断路器等。

### 2. 按短路情况校验

按正常工作条件选择的断路器还必须按短路情况进行校验。即正常能满足安全可靠运行，在电路发生短路故障时，断路器仍能安全可靠地工作和切断短路电流。

短路情况校验主要是校验断路器的热稳定和动稳定性。所谓热稳定是指最大可能的短路电流通过断路器时，断路器的发热温度不超过它的短时允许温度。即最大可能的短路电流通过断路器时，断路器不会因电流的热效应而烧坏。所谓动稳定是指最大可能的短路电流通过断路器，断路器不会因强大的电动力而损坏或变形。热稳定校验和动稳定校验的方法，请参阅有关手册和资料。

断路器的额定开断电流必须大于电路中可能通过断路器的最大短路电流，以保证断路器可靠灭弧。

### 5.5.2　高压断路器的常用标准

（1）GB 10963—1989｜家用及类似场所用断路器。

（2）GB 14048.2—1994｜低压开关设备和控制设备　低压断路器。

（3）GB 16916.1—1997｜家用和类似用途的不带过电流保护的剩余电流动作断路器（RCCB）第1部分：一般规则。

（4）GB 16916.21—1997｜家用和类似用途的不带过电流保护的剩余电流动作断路器（RCCB）第2.1部分：一般规则对动作功能与线路电压无关的 RCCB 的适用性。

（5）GB 16916.22—1997｜家用和类似用途的不带过电流保护的剩余电流动作断路器（RCCB）第2.2部分：一般规则对动作功能与线路电压有关的 RCCB 的适用性。

（6）GB 16917.1—1997｜家用和类似用途的带过电流保护的剩余电流动作断路器（RCBO）第1部分：一般规则。

（7）GB 16917.21—1997｜家用和类似用途的带过电流保护的剩余电流动作断路器（RCBO）第2.1部分：一般规则对动作功能与线路电压无关的 RCBO 的适用性。

（8）GB 16917.22—1997｜家用和类似用途的带过电流保护的剩余电流动作断路器（RCBO）第2.2部分：一般规则对动作功能与线路电压有关的 RCBO 的适用性。

（9）GB 1984—1989｜交流高压断路器。

（10）GB 4876—1985｜交流高压断路器的线路充电电流开合试验。

（11）GB 7675—1987｜交流高压断路器的开合电容器组试验。

### ⚡ 项目小结

本项目主要讲述了进线柜电气控制分析、接线、安装、调试、运行、维护、保养。

通过本项目的学习，应掌握进线柜的接线，对一般现场故障会查找并排除；会应用所学知识分析其控制线路，根据控制要求设计电气控制线路，并会安装与调试；掌握进线柜的操作及维修。

## 项目练习

（1）进线柜常用的高压开关元件有哪些？

（2）高压断路器的功能有哪些？

（3）进线柜如何进行倒闸操作？

（4）高压断路器在使用时有哪些注意事项？

（5）进线柜如何进行保养、维护？

# 项目 6　计量柜（CT 柜）

⚡ **知识目标**

☞掌握计量柜（CT 柜）的接线，对一般现场故障会查找并排除；

☞会应用所学知识分析其控制线路，根据控制要求设计电气控制线路，并会安装与调试；

☞掌握计量柜（CT 柜）的操作及维修。

⚡ **技能目标**

☞训练学生的安全意识，培养学生的团队合作能力、组织管理能力、创新能力；

☞有效地处理日常生活中的各种需要和挑战的能力，并且在与他人、社会和环境的相互关系中表现出适应和积极的行为的能力。

## 6.1　项目导入

本项目通过图 6-1 和图 6-2 介绍了计量柜柜的外观、结构、组成、主接线、控制电路接线。

### 6.1.1　计量柜（CT 柜）结构

计量柜（CT 柜）外观如图 6-1 所示。

**图 6-1　计量柜（CT 柜）外观图**

## 6.1.2　计量柜（CT 柜）主接线

计量柜（CT 柜）主接线如图 6-2 所示。

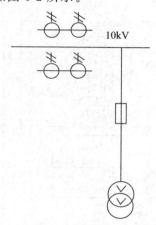

**图 6-2　计量柜主接线**

## 6.1.3　计量柜（CT 柜）二次接线

计量柜（CT 柜）二次接线如图 6-3 所示。

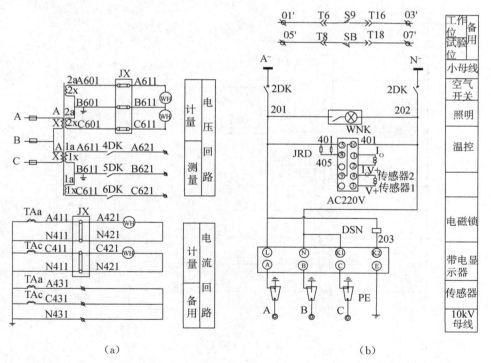

（a）　　　　　　　　　　　　　　　　（b）

**图 6-3　计量柜（CT 柜）原理图**

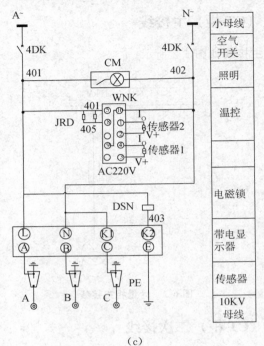

（c）

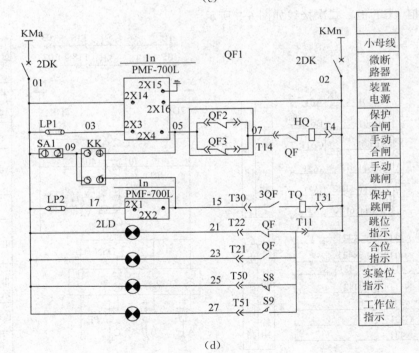

（d）

图 6-3  （续 1）

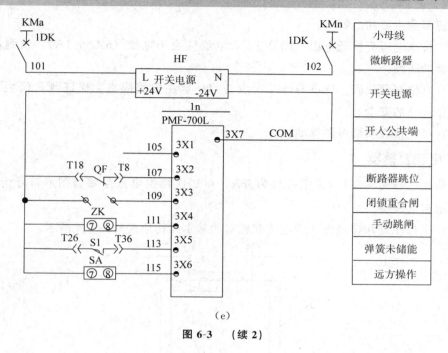

（e）

**图 6-3** （续 2）

# 6.2 项目分析

计量柜的主要开关元件为电压互感器、电流互感器、电度表、缺相检测仪，主接线显示了计量柜接线原理，电压互感器、电流互感器、电度表、缺相检测仪共同构成计量系统，电压互感器检测电压值、电力互感器检测电流值，电压和电流数据送给电度表进行计量，缺相检测仪记录缺相情况。

本项目涉及的有电压互感器、电流互感器、电度表、缺相检测仪使用、接线、维护保养及操作等。

# 6.3 知识链接

## 6.3.1 互感器

互感器是电流互感器和电压互感器的合称。互感器实质上是一种特殊的变压器，其基本结构和工作原理与变压器基本相同，它是测量仪表、继电保护等二次设备获取一次回路信息的传感器，其一次侧接在一次系统，二次侧接测量仪表和继电保护等，互感器将一次电路的大电流、高电压变成小电流和低电压，以便使二次侧测量仪表和继电保护隔离高压电路及小型化、标准化等。互感器主要是电磁式的；非电磁式的新型互感器，如电子型、光电型等，正开始进入工业使用阶段。

互感器的主要功能如下。

（1）将高电压变换低电压（100V），大电流变换小电流（5A 或 1A），供测量仪表及继电器的线圈。

（2）可使测量仪表、继电器等二次设备与一次主电路隔离，保证测量仪表、继电器和工作人员的安全。

（3）可使仪表和继电器标准化。

### 1. 电流互感器

电流互感器简称 CT（文字符号为 TA，单二次绕组电流互感器图形符号为 $\phi\#$），是变换电流的设备。

（1）工作原理和接线方式。电流互感器的基本结构原理如图 6-4 所示。

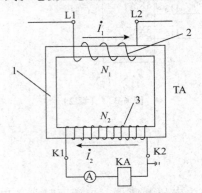

图 6-4　电流互感器结构原理图

电流互感器由一次绕组、铁芯、二次绕组组成。其结构特点是：一次绕组匝数少且粗，有的型号还没有一次绕组，利用穿过其铁芯的一次电路作为一次绕组（相当于 1 匝）；而二次绕组匝数很多，导体较细。电流互感器的一次绕组串接在一次电路中，二次绕组与仪表、继电器电流线圈串联，形成闭合回路，由于这些电流线圈阻抗很小，工作时电流互感器二次回路接近短路状态。

电流互感器的变流比用 $K_i$ 表示，则

$$K_i = \frac{I_{1N}}{I_{2N}} \approx \frac{N_2}{N_1} \tag{6-1}$$

式中，$I_{1N}$、$I_{2N}$ 分别为电流互感器一次侧和二次侧的额定电流值；$N_1$、$N_2$ 为其一次和二次绕组匝数。变流比一般表示成 100A/5A 形式。

（2）电流互感器种类。电流互感器的种类很多，按一次电压分为有高压和低压两大类；按一次绕组匝数分为单匝（包括母线式、芯柱式、套管式）和多匝式（包括线圈式、绕环式、串级式）；按用途分为测量用和保护用两大类；按绝缘介质类型分为油浸式、环氧树脂浇注式、干式、$SF_6$ 气体绝缘等。在高压系统中还采用电压电流组合式互感器。

LMZJ1-0.5 型和 LQZ-10 型电流互感器的外形图分别如图 6-5 和图 6-6 所示。

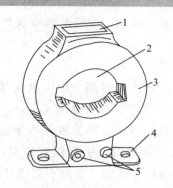

**图 6-5　LMZ1-0.5 型电流互感器外形结构图**

1—铭牌；2—一次母线穿孔；3—铁芯，外绕二次绕组树脂浇注；

4—安装板；5—二次接线端子

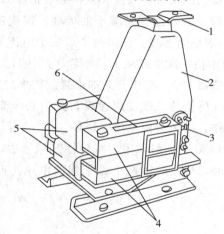

**图 6-6　LQZ-10 型电流互感器外形结构图**

1——次接线端子；2——次绕组（树脂浇注）；3—二次接线端子；4—铁芯；

5—二次绕组；6—警告牌（上写有"二次侧不得开路"等字样）

（3）电流互感器误差和准确级。

①电流互感器误差。电流互感器二次侧测量的 $I_2'$ 与一次回路的 $I_1$ 在大小和方向上有差别，这种差别称为电流互感器的测量误差。大小误差称为电流误差（$f_i$），方向误差称为角误差（$\delta_i$）。

两种误差均与互感器的激磁电流、原边电流、二次负载阻抗和阻抗角等的大小有关。电流误差可以使所有接于电流互感器二次回路的设备产生误差，角误差仅对功率型设备有影响。

②电流互感器的准确级。根据电流互感器测量的误差大小可划分为不同的准确级。准确级是指在规定的二次负荷变化范围内，一次电流为额定值的最大电流误差。

电流互感器按功能分为计量型和保护型两类。计量用电流互感器，当电路发生过流或短路时，铁芯应迅速饱和，以免二次电流过大，对仪表产生危害。保护用的电流

互感器，当短路发生时，铁芯不应饱和，应能给继电保护提供较准确的短路电流，保证其可靠动作。

（4）电流互感器使用注意事项。

①电流互感器在工作时二次侧不得开路。由于电流互感器二次阻抗很小，正常工作时，二次侧接近于短路状态。当二次侧开路时 $I_2 = 0$，则 $I_1 N_1 = I_0 N_1$，使 $I_0$ 突然增大几十倍，将会产生以下严重后果：互感器铁芯由于磁通剧增而产生过热，产生剩磁，降低互感器的准确度；由于互感器二次侧匝数较多，可能会感应出较高的电压，危及人身和设备安全。因此，电流互感器二次侧不允许开路，二次回路接线必须可靠、牢固，不允许在二次回路中接入开关或熔断器。

②电流互感器二次侧有一端必须接地。为防止一、二次绕组间绝缘击穿时，一次侧高压会窜入二次侧，危及二次设备和人身安全，通常是选 $K_2$ 端（公共端）接地。

③电流互感器在接线时，必须注意其端子的极性。按规定，电流互感器一次绕组的 $L_1$ 端与二次绕组的 $K_1$ 端是同名端。在由两个或三个电流互感器所组成的接线方案中，如两相 V 形接线，通常使一次电流从 $L_1$ 端流向 $L_2$ 端，二次绕组的 $K_1$ 端接电流继电器等设备，各电流互感器的 $K_2$ 端作公共端连接。如果二次侧的接线没有按接线的要求连接，如将其中一个互感器的二次绕组接反，则公共线流过的电流就不是 $B$ 相电流，可能使继电保护误动作，甚至会使电流表烧坏。

互感器与变压器绕组的端子，都采用"减极性"标号法，即若将一、二次绕组的 $K_2$ 和 $L_2$（同名端）相连时，另一端的两个端子间的电压为两绕组上的电压差。这种极性称为减极性。

### 2. 电压互感器

电压互感器简称 PT（文字符号为 TV，单相式电压互感器图形符号为 $\overset{\circ}{8}$），是变换电压的设备。

（1）工作原理和接线方式。电压互感器的基本结构原理图如图 6-7 所示。

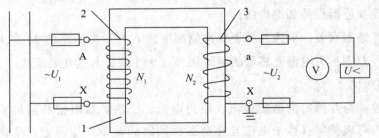

图 6-7  电压互感器结构原理图

电压互感器由一次绕组、二次绕组、铁芯组成。一次绕组并联在线路上，一次绕组匝数较多，二次绕组的匝数较少，相当于降低变压器。二次绕组的额定电压一般为 100V。二次回路中，仪表、继电器的电压线圈与二次绕组并联，这些线圈的阻抗很大，工作时二次绕组近似于开路状态。

电压互感器的变压比用 $K_u$ 表示

$$K_u = \frac{U_{1N}}{U_{2N}} \approx \frac{N_1}{N_2} \tag{6-2}$$

式中，$U_{1N}$、$U_{2N}$ 分别为电压互感器一次绕组和二次绕组额定电压；$N_1$、$N_2$ 分别为一次绕组和二次绕组的匝数。变压比 $K_u$ 通常表示成如 10/0.1kV 的形式。

电压互感器的接线方式如图 6-8 所示。

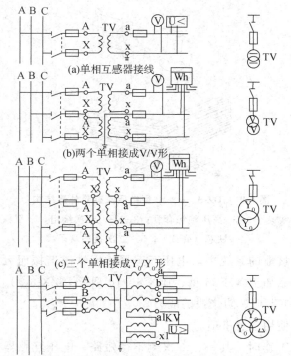

图 6-8　电压互感器接线方式

（a）单相互感器接线；（b）两个单相接成 V/V 形；

（c）三个单相接成 $Y_0/Y_0$ 形；（d）三个单相三绕组或三相五芯柱式三绕组电压互感器接成 $Y_0/Y_0/\triangle$

①一相式接线。采用一个单相电压互感器，如图 6-8（a）所示。供仪表和继电器测量一个线电压，如用作备用线路的电压监视。

②两相式接线。又叫 V-V 形接线，采用两个单相电压互感器，如图 6-8（b）所示。供仪表和继电器测量三个线电压。

③$Y_0/Y_0$ 形接线。采用三个单相电压互感器，如图 6-8（c）所示。供仪表和继电器测量三个线电压和相电压。在小电流接地系统中，这种接线方式中的测量相电压的电压表应按线电压选择。

④采用三个单相三绕组电压互感器或一个三相五芯柱式电压互感器接成 $Y_0/Y_0$ 形，如图 6-8（d）所示。其中一组二次绕组接成 $Y_0$，供测量三个线电压和三个相电压；另一组绕组（零序绕组）接成开口三角形，接电压继电器，当线路正常工作时，开口三

角两端的零序电压接近于零，而当线路上发生单相接地故障时，开口三角两端的零序电压接近 100V，使电压继电器动作，发出信号。

（2）电压互感器的种类。电压互感器按绝缘介质分为油浸式、环氧树脂浇注式两大主要类型；按使用场所分为户内式和户外式；按相数分为三相和单相两类。在高压系统中还有电容式电压互感器、气体电压互感器、电流电压组合互感器等。

JDZ-3、6、10 型电压互感器外型结构如图 6-9 所示。

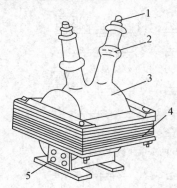

**图 6-9  JDZ-3、6、10 型电压互感器外形结构**
1——一次接线端子；2—高压绝缘套管；3——一、二次绕组，环氧树脂浇注；
4—铁芯（壳式）；5—二次接线端子

在中性点非有效接地的系统中，电压互感器常因铁磁谐振而大量烧毁，为了消除铁磁谐振，某些新产品如 JSXH-35 型、JDX-6、10 型及 JSZX-6、10 型在结构上都进行了一些改进，提高了抗谐振、防烧毁的能力。

（3）电压互感器使用注意事项。

①电压互感器在工作时，其一、二次侧不得短路。电压互感器一次侧短路时会造成供电线路短路，二次回路中，由于阻抗较大近于开路状态，发生短路时，有可能造成电压互感器烧毁。因此，电压互感器一、二次侧都必须装设熔断器进行短路保护。

②电压互感器二次侧有一端必须接地。这样做的目的是为了防止一、二次绕组的绝缘击穿时，一次侧的高压窜入二次回路中，危及设备及人身安全，通常将公共端接地。

③电压互感器在接线时，必须注意其端子的极性。电压互感器一次绕组（三相）两端分别标成 A、X，B、Y，C、Z，对应的二次绕组同名端分别为 a、x，b、y，c、z，单相电压互感器只标 A、X 和 a、x（或 1a、1x 等），在接线时，若将其中的一相绕组接反，二次回路中的线电压将发生变化，会造成测量误差和保护的动作（或误信号）。

### 6.3.2  电气测量仪表

电气测量仪表是指对电力装置回路的电气运行参数作经常测量、选择测量、记录用仪表和作计费、技术经济分析考核管理用计量仪表的总称。

### 1. 对电气测量仪表的一般要求

电气测量仪表，要保证其测量范围和准确度满足变配电设备运行监视和计量要求，并力求外形美观，便于观测，经济耐用等。具体要求如下。

（1）准确度高，误差小，其数值应符合所属等级准确度要求。

（2）仪表本身消耗功率应越小越好。

（3）仪表应有足够绝缘强度，耐压和短时过载能力，以保证安全运行。

（4）应有 良好读数装置。

（5）结构坚固，使用维护方便。

### 2. 电气测量仪表的准确度等级

准确度是指仪表所测得值与该量实际值的一致程度。按照国家标准《电气测量指示仪表通用技术条件》（GB776—76），仪表准确度等级可分为如下七级：0.1级、0.2级、0.5级、1.0级、1.5级、2.5级、5.0级。其中，1.5级及以下大都为安装式配电盘表；0.1级、0.2级仪表用作校验标准表；0.5级和1.0级仪表供实验室和工作较准确测量使用；1.5级至5.0级仪表用于一般测量。电气测量仪表准确度等级越高，仪表测量误差就越小。

### 3. 互感器的要求

电流互感器还需要选择变比、准确度，并且要校验其二次负荷是否符合准确度要求。计量用的电流互感器准确度应选0.5或0.2级，测量用的电流互感器的准确度可选1.0～3.0，保护用的电流互感器准确度可选5P级、10P级或3.0级。电压互感器的一次额定电压必须与线路额定电压相同，计量用的电压互感器准确度为0.5级以上，测量用的准确度选1.0～3.0级。对各准确度需校验二次绕组的负荷是否符合要求。

测量范围和电流互感器的变比的选择要求指示在标度尺的70%～100%处。

6kV～10kV高压线路电工仪表原理电路如图6-10所示。

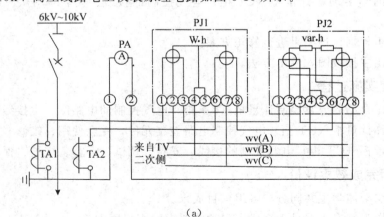

（a）

**图6-10 6-10kV高压线路电工仪表原理电路**

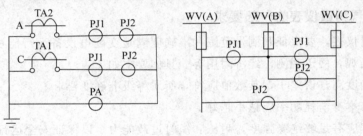

(b)

**图 6-10** （续）

（a）电路图；（b）展开图

TA1、TA2—电流互感器；TV—电压互感器；

PA—电流表；PJ1—三相有功电度表；PJ2—三相无功电度表

# 6.4 项目实施

**1. 讨论并确定实施方案**

任务：根据所给的计量元件，如失压仪、智能电表、电压互感器、电流互感器等，连接电能计量电路

（1）组织学生分组讨论，形成若干种方案。

（2）各组代表发言表述该组的设计方案，组织全体学生共同探讨该组方案的可行性、可靠性、经济性。

（3）点评各组方案的优缺点，解决该项目。

（4）帮助学生理解计量柜（CT 柜）工作原理。

（5）帮助学生理解计量柜（CT 柜）电气控制的接线、安装、调试、运行、维护、保养。

（6）各组根据讨论结果进行修正方案。

（7）绘出主接线图，给出方法。

**2. 方案实施过程**

（1）依据自己的方案绘制计量柜（CT 柜）电气控制的电路图、主接线图。

（2）选择计量柜（CT 柜）电气控制电路控制元件，并会使用、维修。

（3）计量柜（CT 柜）电气控制的接线、安装、调试、运行、维护、保养。

**3. 项目完成效果评价**

（1）组织全体学生共同分享各组项目成果。

（2）选择观测点，看是否完成项目功能要求，查找原因。

（3）对方案的合理性、可靠性进行评价。

（4）抛出教师方案，引导学生进一步理解解决该方案的方法和技巧，让其再次修正自己的方案。

# 6.5  知识拓展

电能表又称为电度表，是一种对电能进行测量的仪器仪表，是我们缴电费时的重要依据，其基于微处理技术、采样技术、设计技术等多种高端技术，是一种跨学科跨领域的高技术产品，现已普遍存在于家家户户中。图 6-11 所示为一款电能表实例。

**图 6-11  电能表实例**

## 6.5.1  电能表分类

电能表有多种的分类方式，根据其用途的不同可分为无功电能表、有功电能表、损耗电能表、预付费电能表、智能电能表等；根据其接入电源性质的不同可分为直流电能表和交流电能表；根据其结构的不同可分为分体式电能表和整体式电能表；根据其安装方式可分为直接接入式电能表和间接接入式电能表；根据其接入相线的不同可分为单相电能表、三相三线电能表和四相四线电能表；根据其工作原理的不同可分为电子式电能表和感应式电能表。图 6-12 所示为常用的三相、单相电度表。

**图 6-12  常用的三相、单相电度表**

### 6.5.2　机械式电能表原理

电能表的工作原理是这样子的：首先，电能表接入电路中后，在电压线圈和电流线圈中产生交变电流，交变电流在其铁芯中又产生交变的磁通；其次，交变的磁通在铝盘中产生涡流；再次，铝盘中的涡流受到磁场中力的作用，使得铝盘得以转动；最后，铝盘转动带动计数器，将其所耗电能以数字形式体现出来。

当负载消耗的功率越大时，在电压线圈和电流线圈中产生的交变电流越大，铝盘中产生的涡流越大，铝盘转动的力矩越大，从而其计数越多；反之，当当负载消耗的功率越小时，在电压线圈和电流线圈中产生的交变电流越小，铝盘中产生的涡流越小，铝盘转动的力矩越小，从而其计数也越少。图6-12所示为机械式三相电度表。

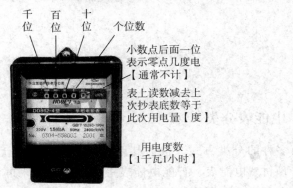

**图6-12　机械式三相电度表**

### 6.5.3　电子式电能表和感应式电能表工作原理

电能表根据其工作原理的不同可分为电子式电能表和感应式电能表两种，其中，电子式电能表首先获得电压和电流值，再通过将其矢量相乘得到最终的电能计数，基于这种计数原理又衍生出了预付费电能表、分时计费电能表、多功能电能表等多种功能的电能表，进一步满足了我们在不同情况下对电能进行计量的要求；而感应式电能表基于电磁感应原理，将电流、电压等以力矩的形式展现出来，推动铝盘的转动以达到计数的功能，具有直观、停电时数据有保存、动态连续等优点，同样具有广泛的应用。图6-13所示为电子式三相电度表。

**图6-13　电子式三相电度表**

⚡ **项目小结**

本项目主要讲述了计量柜（CT柜）电气控制分析、接线、安装、调试、运行、维护、保养。通过本项目的学习，应掌握计量柜（CT柜）的接线，对一般现场故障会查找并排除；会应用所学知识分析其控制线路，根据控制要求设计电气控制线路，并会安装与调试；掌握计量柜（CT 柜）的操作及维修。

## ⚡ 项目练习

（1）常用的电度表有哪些？

（2）简述计量柜的构成。

（3）简述电压互感器的工作原理。

（4）简述电流互感器的工作原理。

（5）简述电流互感器使用注意事项。

（6）简述电压互感器使用注意事项。

# 项目 7 电压互感器柜（PT 柜）

⚡ **知识目标**

☞掌握电压互感器柜（PT 柜）的接线，对一般现场故障会查找并排除；

☞会应用所学知识分析其控制线路，根据控制要求设计电气控制线路，并会安装与调试；

☞掌握电压互感器柜（PT 柜）的操作及维修。

⚡ **技能目标**

☞训练学生的安全意识，培养学生的团队合作能力、组织管理能力、创新能力；

☞有效地处理日常生活中的各种需要和挑战的能力，并且在与他人、社会和环境的相互关系中表现出适应和积极的行为的能力。

## 7.1 项目导入

本项目通过图 7-1～图 7-3 介绍了电压互感器柜（PT 柜）的外观、结构、组成、主接线、控制电路接线。

### 7.1.1 电压互感器柜（PT 柜）结构

电压互感器柜（PT 柜）结构如图 7-1 所示。

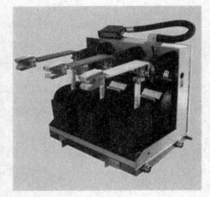

图 7-1 电压互感器柜（PT 柜）外观图

## 7.1.2　电压互感器柜（PT 柜）主接线

电压互感器柜（PT 柜）主接线如图 7-2 所示。

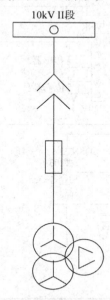

10kV II段

**图 7-2　电压互感器柜（PT 柜）主接线图**

## 7.1.3　电压互感器柜（PT 柜）二次接线

电压互感器柜（PT 柜）二次接线如图 7-3 所示。

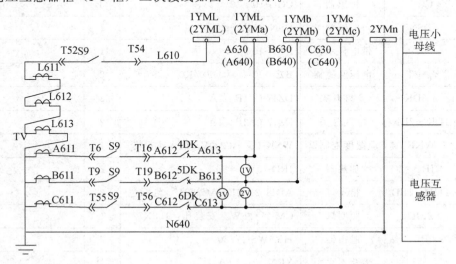

（a）

**图 7-3　电压互感器柜（PT 柜）原理图**

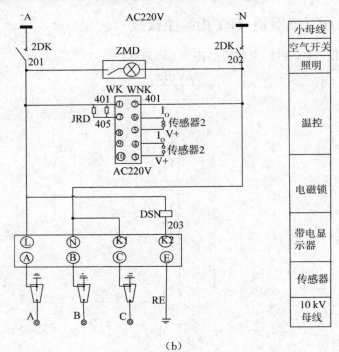

(b)

| 序号 | 代号 | 名称 | 型号及规格 | 数量 | 备注 |
|---|---|---|---|---|---|
| 15 | | | | | |
| 14 | | | | | |
| 13 | | | | | |
| 12 | CGG | 传感器 | CGG-10 | 3 | |
| 11 | DSN | 电磁锁 | DSN-BMY~200V | 1 | |
| 10 | DXN | 带电显示器 | DXN-10Q | 1 | |
| 9 | TVa~TVc | 电压互感器 | JDZ10-10 10000/100/100 0.2/0.5 | 2 | |
| 8 | 4-6DK | 空气开关 | DZ47-C/1P 4A | 3 | |
| 7 | 1DK~2DK | 空气开关 | DZ47-C/2P 4A | 2 | |
| 6 | WNK | 温湿度控制器 | WNK-11 AC220V 嵌入式安装 | 1 | |
| 5 | DJR1~2 | 加热器 | JRD-75W | 2 | |
| 4 | 1HD,1LD | 指示灯 | AD11-22/21 AC220V 红绿色 | 2 | |
| 3 | ZMD | 照明灯 | CM-1 25W 安装孔：108X72 | 1 | |
| 2 | BL | 避雷器 | HY5WS-17/50 | 3 | |
| 1 | T | 熔断器手车 | XRNP-10 1A | 1 | |
| 序号 | 代号 | 名称 | 型号及规格 | 数量 | 备注 |

(c)

**图 7-3** （续 1）

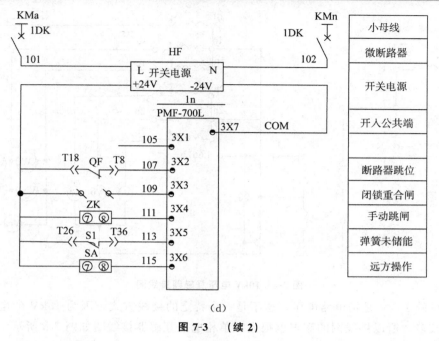

(d)

**图 7-3　（续 2）**

# 7.2　项目分析

图 7-1 说明电压互感器柜的主要元件为电压互感器；图 7-2 为电压互感器柜主接线，显示了电压互感器的接线原理；图 7-3 显示了电压互感器控制原理及保护原理和接线；电压互感器柜的作用为继电保护。

本项目涉及的有电压互感器接线方式、使用、接线、维护保养及操作等。

# 7.3　知识链接

## 7.3.1　三相五柱式电压互感器接线图

三相五柱式电压互感器接线图如图 7-4 所示。在三柱铁芯的两侧各增加一个铁芯柱，作为零序磁通的闭合磁路，于是就形成了三相五柱式电压互感器。正因为这种电压互感器使零序磁通有了闭合磁路，就可以增加一组二次绕组，组成开口三角以获得零序电压。

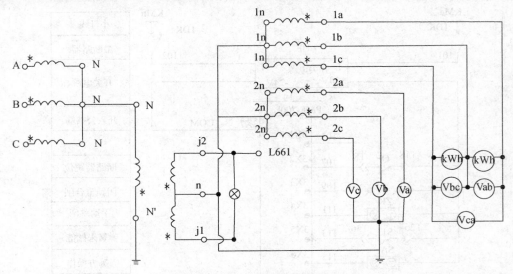

**图 7-4　10kV 电压互感器接线图**

这里的 10kV 是指电路电压，这不是一个特定的接线方式，因为 10kV 的电压互感器品种较多，所以接线图的需求也很大。单相电压互感器接线图如图 7-5 所示。

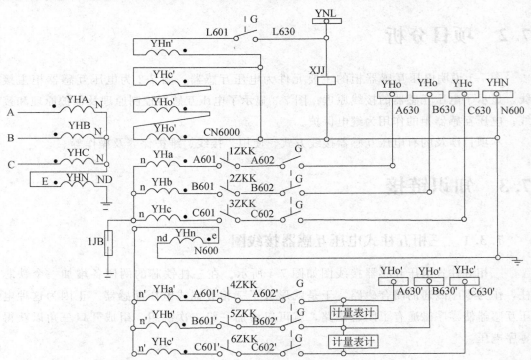

**图 7-5　单相电压互感器接线图**

如图 7-6 所示，为电路中比较多的是使用三台单相三绕组电压互感器构成 $Y_N$、$y_n$、$d_0$ 或 $Y_N$、$y$、$d_0$ 的接线形式，广泛应用于 3kV～220kV 系统中。这里的单相是指单个电压互感器的参数，一般其二次绕组用于测量相间电压和相对地电压，辅助二次绕组接成开口三角形，供接入交流电网绝缘监视仪表和继电器用。用一台三相五柱式电压互感器代替上述三个单相三绕组电压互感器构成的接线，除铁芯外，其形式与图7-5基本相同，一般只用于3kV～15kV系统。

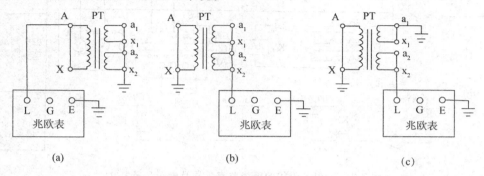

**图7-6 电压互感器V-V接线图**

（a）一次对二次及地；（b）二次对一次及地；（c）二次之间

电压互感器V-V接线如图7-7所示。由两只单相电压互感器组成的V-V形接线时，其一次侧是不允许接地的，因为这相当于系统的一相直接接地。但对这样的单相电压互感器，哪一个引出端当A，哪一个引出端当X都无所谓，只是需要将电压互感器的二次引出端和一次相对应就行，而应在二次中性点接地。

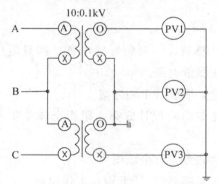

**图7-7 电压互感器V-V接线**

### 7.3.2 绝缘监察装置

用于监视小接地电流系统相对地的绝缘情况，绝缘监察装置有两种。

（1）三个单相电压互感器和三只电压表组成，如图7-4所示。

（2）三个单相三线圈电压互感器或一个三相五芯三线圈电压互感器接成图7-8所示的电路，因不能区别是哪条线发生接地故障，所以只适合于线路数目不多，并且允许短时停电的供电系统中。

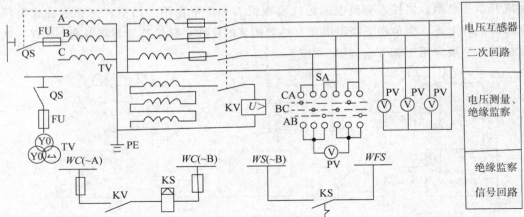

**图7-8　6-10kV 母线的绝缘监察装置及电压测量电路**

TV—电压互感器（YO/YO/△接线）；QS—高压隔离开关及辅助触点；SA—电压转换开关；
PV—电压表；KV—电压继电器；KS—信号继电器；WC—控制小母线；
WS—信号小母线；WFS—预报信号小母线

# 7.4　项目实施

## 1. 讨论并确定实施方案

任务：给定三只电压互感器、一只信号继电器、四只电压表等元件，连接成一个完整的绝缘监察装置及电压测量电路。

（1）组织学生分组讨论，形成若干种方案。

（2）各组代表发言表述该组的设计方案，组织全体学生共同探讨该组方案的可行性、可靠性、经济性。

（3）点评各组方案的优缺点，解决该项目。

（4）帮助学生理解电压互感器柜（PT 柜）工作原理。

（5）帮助学生理解电压互感器柜（PT 柜）电气控制的接线、安装、调试、运行、维护、保养。

（6）各组根据讨论结果进行修正方案。

（7）绘出主接线图，给出方法。

## 2. 方案实施过程

（1）依据自己的方案绘制电压互感器柜（PT 柜）电气控制的电路图、主接线图；

（2）选择电压互感器柜（PT 柜）电气控制电路控制元件，并会使用、维修；

（3）电压互感器柜（PT 柜）电气控制的接线、安装、调试、运行、维护、保养。

## 3. 项目完成效果评价

（1）组织全体学生共同分享各组项目成果。

（2）选择观测点：看是否完成项目功能要求，查找原因。

（3）对方案的合理性、可靠性进行评价。

（4）抛出教师方案，引导学生进一步理解解决该方案方法技巧，让其再次修正自己的方案。

# 7.5　知识拓展

## 7.5.1　电压互感器的异常与处理

### 1. 电压互感器的常见异常

（1）三相电压指示不平衡：一相降低（可为零），另两相正常，线电压不正常，或伴有声、光信号，可能是互感器高压或低压熔断器熔断。

（2）中性点非有效接地系统，三相电压指示不平衡：一相降低（可为零），另两相升高（可达线电压）或指针摆动，可能是单相接地故障或基频谐振，如三相电压同时升高，并超过线电压（指针可摆到头），则可能是分频或高频谐振。

（3）高压熔断器多次熔断，可能是内部绝缘严重损坏，如绕组层间或匝间短路故障。

（4）中性点有效接地系统，母线倒闸操作时，出现相电压升高并以低频摆动，一般为串联谐振现象；若无任何操作，突然出现相电压异常升高或降低，则可能是互感器内部绝缘损坏，如绝缘支架绕、绕组层间或匝间短路故障。

（5）中性点有效接地系统，电压互感器投运时出现电压表指示不稳定，可能是高压绕组 N（X）端接地接触不良。

（6）电压互感器回路断线处理。

### 2. 电压互感器异常的处理方法

（1）根据继电保护和自动装置有关规定，退出有关保护，防止误动作。

（2）检查高、低压熔断器及自动空气开关是否正常，如熔断器熔断、应查明原因立即更换，当再次熔断时则应慎重处理。

（3）检查电压回路所有接头有无松动、断开现象，切换回路有无接触不良现象。

## 7.5.2　电压互感器的特殊作用——消除铁磁谐振

磁铁谐振的产生是在进行操作或系统发生故障时，由于铁心饱和而引起的一种跃变过程，电网中发生的铁磁谐振分为并联铁磁谐振和串联铁磁谐振。

### 1. 主要特点

（1）对于铁磁谐振电路，在相同的电源电势作用下回路可能不只一种稳定的工作状态。电路到底稳定在哪种工作状态要看外界冲击引起的过渡过程的情况。

（2）PT的非线性铁磁特性是产生铁磁谐振的根本原因，但铁磁元件的饱和效应本身也限制了过电压的幅值。此外回路损耗也使谐振过电压受到阻尼和限制。当回路电阻大于一定的数值时，就不会出现强烈的铁磁谐振过电压。

（3）铁磁谐振可在很大的范围内发生。

（4）维持谐振振荡和抵偿回路电阻损耗的能量均由工频电源供给。为使工频能量转化为其他谐振频率的能量，其转化过程必须是周期性且有节律的。

（5）铁磁谐振对PT的损坏。电磁谐振（分频）一般应具备如下三个条件。

①铁磁式电压互感器（PT）的非线性效应是产生铁磁谐振的主要原因。

②PT感抗为容抗的100倍以内，即参数匹配在谐振范围。

③要有激发条件，如PT突然合闸、单相接地突然消失、外界对系统的干扰或系统操作产生的过电压等。

据试验分频谐振的电流为正常电流的240倍以上，工频谐振电流为正常电流的40～60倍左右，高频谐振电流更小。在这些谐振中，分频谐振的破坏最大，如果PT的绝缘良好，工频和高频一般不会危及设备的安全，而6kV系统存在上述条件。

### 2. 消除办法

从技术上考虑，为了避免铁磁谐振的发生，可以采取以下措施：选择励磁特性好的TV或改用电容式TV；在同一个10kV配电系统中，应尽量减少TV的台数；在三相TV一次侧中性点串接单相TV或在TV二次开口三角处接入阻尼电阻；在母线上接入一定大小的电容器，使容抗与感抗的比值小于0.01，避免谐振；系统中性点装设消弧线圈；采用自动调谐原理的接地补偿装置，通过过补、全补和欠补的运行方式，来较好地解决此类问题。

### ⚡ 项目小结

本项目主要讲述了电压互感器柜（PT柜）电气控制分析、接线、安装、调试、运行、维护、保养。通过本项目的学习，应掌握电压互感器柜（PT柜）的接线，对一般现场故障会查找并排除；会应用所学知识分析其控制线路，根据控制要求设计电气控制线路，并会安装与调试；掌握电压互感器柜（PT柜）的操作及维修。

### ⚡ 项目练习

（1）简述电压互感器的工作原理。

（2）简述电压互感器的接线方式。

（3）简述电压互感器的使用注意事项。

（4）电压互感器柜如何操作？

（5）电压互感器柜中电压互感器主要作用有哪些？

# 项目 8  出  线  柜

### 知识目标

☞掌握出线柜的接线，对一般现场故障会查找并排除；

☞会应用所学知识分析其控制线路，根据控制要求设计电气控制线路，并会安装与调试；

☞掌握出线柜的操作及维修。

### 技能目标

☞训练学生的安全意识，培养学生的团队合作能力、组织管理能力、创新能力；

☞有效地处理日常生活中的各种需要和挑战的能力，并且在与他人、社会和环境的相互关系中表现出适应和积极的行为的能力。

## 8.1  项目导入

本项目通过图 8-1～图 8-3 介绍了出线柜柜的外观、结构、组成、主接线、控制电路接线。

### 8.1.1  出线柜结构

出线柜结构如图 8-1 所示。

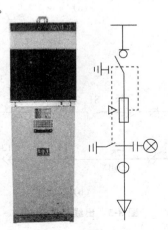

图 8-1  出线柜外观图

## 8.1.2 出线柜主接线

出线柜主接线如图 8-2 所示。

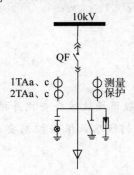

图 8-2　出线柜主接线

## 8.1.3 出线柜二次接线

出线柜二次接线如图 8-3 所示。

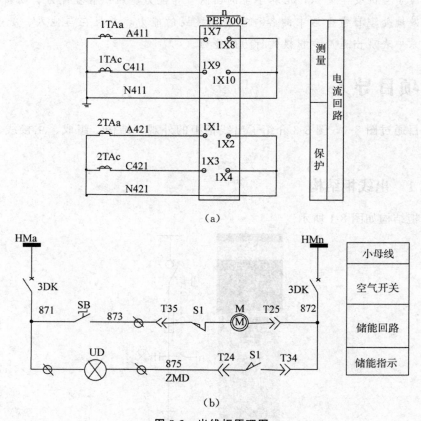

图 8-3　出线柜原理图

项目 8　出线柜

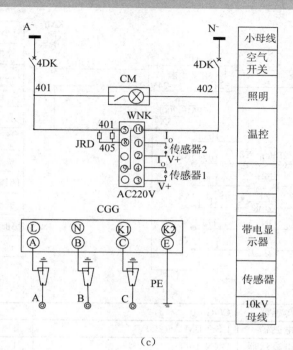

（c）

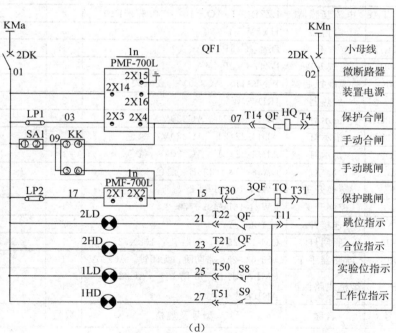

（d）

图 8-3　（续 1）

· 109 ·

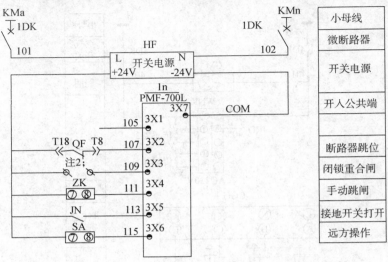

(e)

| 序号 | 代号 | 名称 | 型号及规格 | 数量 | 备注 |
|---|---|---|---|---|---|
| 19 | CGG | 传感器 | CGG-10 | 3 | |
| 18 | DSN | 电磁锁 | DSN-BMY~220V | 1 | |
| 17 | DXN | 带电显示器 | DXN-10Q | 1 | |
| 16 | TAa, TAc | 电流互感器 | LZZBJ9-10AQ 10/5 0.5/10P10 | 2 | |
| 15 | BL | 避雷器 | HY5WS-17/50 | 3 | |
| 14 | ZKK | 空气开关 | DZ47-C/3P 1A | 1 | |
| 13 | 1DK～4DK | 空气开关 | DZ47-C/2P 4A | 3 | |
| 12 | WNK | 温湿度控制器 | WNK-11 AC220V 嵌入式安装 | 1 | |
| 11 | JRD1～2 | 加热器 | JRD-75W | 2 | |
| 10 | HD, 1HD | 指示灯 | AD11-22/21 AC220V 红色 | 2 | |
| 9 | LD, 1LD | 指示灯 | AD11-22/21 AC220V 绿色 | 2 | |
| 8 | UD | 指示灯 | AD11-22/21 AC220V 黄色 | 1 | |
| 7 | SB | 旋钮 | LA38-11X2/208B 黑色 | 1 | |
| 6 | ZK | 转换开关 | LW21-16XSF02-2 | 1 | |
| 5 | KK | 控制开关 | LW21-16D/49.6770.2 | 1 | |
| 4 | LP1-2 | 连接片 | JL1-2.5/2 | 2 | |
| 3 | ZMD | 照明灯 | CM-1 25W 安装孔：108X72 | 1 | |
| 2 | QF | 断路器手车 | VS1-630-25 带防跳，无闭锁。AC220V | 1 | |
| 1 | n | 微机线路保护 | PMF700L-BC 带防跳 AC220V AC100V 5A | 1 | |
| 序号 | 代号 | 名称 | 型号及规格 | 数量 | 备注 |

二次设备明细表

图 8-3 （续 2）

| 序号 | 代号 | 名称 | 型号及规格 | 数量 | 备注 |
|---|---|---|---|---|---|
| 15 | | | | | |
| 14 | | | | | |
| 13 | | | | | |
| 12 | CGG | 传感器 | CGG-10 | 3 | |
| 11 | DSN | 电磁锁 | DSN-BMY～200V | 1 | |
| 10 | DXN | 带电显示器 | DXN-10Q | 1 | |
| 9 | TVa～TVc | 电压互感器 | JDZ10-10　10000/100/100　0.2/0.5 | 2 | |
| 8 | 4-6DK | 空气开关 | DZ47-C/1P　4A | 3 | |
| 7 | 1DK～2DK | 空气开关 | DZ47-C/2P　4A | 2 | |
| 6 | WNK | 温湿度控制器 | WNK-11　AC220V　嵌入式安装 | 1 | |
| 5 | DJR1～2 | 加热器 | JRD-75W | 2 | |
| 4 | 1HD，1LD | 指示灯 | AD11-22/21　AC220V　红绿色 | 2 | |
| 3 | ZMD | 照明灯 | CM-1　25W　安装孔：108X72 | 1 | |
| 2 | BL | 避雷器 | HY5WS-17/50 | 3 | |
| 1 | T | 熔断器手车 | XRNP-10　1A | 1 | |

**图 8-3　（续 3）**

# 8.2　项目分析

图 8-1 说明出线柜柜的主要元件为高压断路器；图 8-2 为出现柜主接线，显示了出线柜的接线原理；图 8-3 显示了出线柜控制原理及保护原理和接线；出线柜的作用为把 10kV 电源输出给变压器原边。

本项目涉及的有出线柜的接线方式、使用、接线、维护保养及操作等。

# 8.3　知识链接

接地开关是指释放被检修设备和回路的静电倚以及为保证停电检修时检修人员人身安全的一种机械接地装置。它可以在异常情况下（如短路）耐受一定时间的电流，但在正常情况下不通过负荷电流。它通常是隔离开关的一部分。

## 8.3.1　接地开关简介

接地开关是用于将回路有意接地的一种机械开关装置。

接地开关在异常条件（如短路）下，可在规定时间内承载指定的额定短路电流和相应的峰值电流；但在正常工作条件下，不要求承载额定电流。

接地开关和隔离开关经常被组合成一台装置使用。此时，隔离开关除了具有主触头外，还带有接地开关以用于在分闸后将隔离开关的一端接地。主触头和接地开关通常以这样的方式实现机械联锁，即当隔离开关闭合时接地开关不能闭合，而当接地开关闭合时主触头不能闭合。

接地开关按结构形式可分为敞开式和封闭式两种。前者的导电系统暴露于大气中类似隔离开关的接地刀闸，后者的导电系统则被封闭在充 SF。或油等的绝缘介质中。

接地开关需要关合短路电流，必须具备一定的短路关合能力和动、热稳定性。但它不需要开断负荷电流和短路电流，故没有灭弧装置。闸刀的下端通常经过电流互感器与接地点连接。电流互感器可给出信号供继电保护用。

各种结构形式的接地开关均有单极、双极和三极之分。单极只用于中性点接地系统，双极和三极则用于中性点不接地系统，共用一个操动机构进行操作。

### 8.3.2　接地开关的功能

（1）检修线路时的正常工作接地。当断路器所在线路需检修时，断路器处于分闸位置，两侧隔离开关均打开，处于分闸状态。接地开关合闸，用于正常工作接地。以保证设备和检修人员的安全。

（2）切合静电、电磁感应电流。在两条或多条共塔或邻近平行布置的架空输电线路中，当某一回或几回线路停电后，由于它与相邻带电线路之间产生电磁感应和静电感应，在停电的回路上将产生感应电压及感应电流。因此用于这类线路的接地开关。

（3）关合短路电流。对具有额定短路关合电流的接地开关，应能在任何外施电压包括其额定电压，任何电流包括其额定短路关合电流下关合。接地开关具有的额定短路关合电流，等于额定峰值耐受电流。

### 8.3.3　接地开关的类型

接地开关根据其所安装位置要求的不同，分为检修用接地开关（ES）和故障快速关合接地开关（FES）两类。

（1）检修接地开关（ES）用来接地或开断的开关设备。设备检修时，在可能来电的各侧形成明显的接地点。主要有母线接地开关；出线、进线（装设在主变压器断路器母线侧及出线侧、线路断路器母线侧）的接地开关等。

（2）故障快速关合接地开关（FES）具有关合短路电流及开合感应电流的能力，由电动弹簧机构操动。故障接地开关适用于线路出线侧接地开关，故障接地开关作为检修时的保护装置，并具有关合短路电流及开合感应电流的能力，所以是一种重要的保护装置，分、合由电动弹簧机构操动，一般装设在线路出线隔离开关的线路侧，并与相关的隔离开关、断路器有电气连锁。

### 8.3.4　接地开关使用注意事项

**1. 外观**

（1）外表清洁完整。瓷套表面无裂缝伤痕。

（2）绝缘子金属法兰与瓷件的胶装部位涂以性能良好的防水密封胶。

（3）油漆应完整，相色标志正确。

**2. 操作机构箱检查**

（1）机构箱内二次接线连接紧固。

（2）传动装置、二次小开关及闭锁装置应安装牢固。

（3）加热器型号符合标准，可以正常工作。

**3. 支架及接地情况检查：**

（1）支架及接地引线应无锈蚀和损伤，接地应良好。

（2）接地引下线有明显标志。

（3）接地引下线的固定螺栓应装行弹垫。

**4. 接线情况检查**

电气连接可靠，螺栓紧固应符合力矩要求，各接触面应涂有电力复合脂；引线松紧适当，无明显过紧过松现象。

### 8.3.5　操作试验

（1）远方、就地操作时，接地开关与其传动机构的联动成正常，无卡阻现象；分、合闸指示正确。

（2）接地开关与隔离开关等的机械、电气闭锁满足相关要求，闭锁装置应动作灵活、准确可靠。

（3）合闸时三相不同期值应符合产品的技术规定。

（4）相间距离及分闸时，触头打开角度和距离应符合产品的技术规定。

（5）动、静触头应接触紧密良好。

# 8.4　项目实施

**1. 讨论并确定实施方案**

任务：根据出线柜柜内元件，按照电路原理图，完成出线柜柜内元件的连接，并绘制主接线图。

（1）组织学生分组讨论，形成若干种方案。

（2）各组代表发言表述该组的设计方案，组织全体学生共同探讨该组方案的可行性、可靠性、经济性。

（3）点评各组方案的优缺点，解决该项目。

（4）帮助学生理解出线柜工作原理。

（5）帮助学生理解出线柜电气控制的接线、安装、调试、运行、维护、保养。

（6）各组根据讨论结果进行修正方案。

（7）绘出主接线图，给出方法。

**2. 方案实施过程**

（1）依据自己的方案绘制出线柜电气控制的电路图、主接线图。

（2）选择出线柜电气控制电路控制元件，并会使用、维修。

（3）出线柜电气控制的接线、安装、调试、运行、维护、保养。

**3. 项目完成效果评价**

（1）组织全体学生共同分享各组项目成果。

（2）选择观测点，看是否完成项目功能要求，查找原因。

（3）对方案的合理性、可靠性进行评价。

（4）抛出教师方案，引导学生进一步理解解决该方案的方法和技巧，让其再次修正自己的方案。

# 8.5 知识拓展

在实际使用中多将真空断路器装入金属柜内，构成高压开关柜。开关柜中除了断路器之外，还要安装起隔离电路作用的隔离开关、起安全保障作用的接地开关、起测量或保护作用的电流互感器和电压互感器、起过电压保护作用的避雷器或 RC 吸收器，而且还要安装继电保护用的二次回路元件和线路，引接电缆或架空线都可以进入柜内，使开关柜成为一个有相对独立组合功能的配电装置。

## 8.5.1 常见的真空开关柜

在发电厂的开关站、输电线路的变电站、接受电能的用户终端变电所中，都大量采用各种开关柜。大约在 10 年之前，装有少油断路器的开关柜在全国几乎占居垄断地位，但随着真空断路器的兴起，少油开关柜逐步退居其次。自 1993 年提出"无油化改造"要求以来，更助长了这一趋势，有的省市甚至明令令禁止在城市电网及重要用户的所、站建设中继续使用少油开关柜，而旧站则逐步用真空开关柜来取代少油开关柜。

目前我国真空开关柜方面的技术标准有：GB3906—91 3kV～35kV 交流金属封闭开关设备、DL404-91 户内交流高压开关柜订货技术条件。

开关柜的技术参数与断路器技术参数相仿，根据所装断路器的参数而定，唯一不同的是，开关柜额定电流根据主回路中各电器元件（例如隔离开关，或电流互感器）

的最小额定电流取值。

高压真空开关柜，可有三种分类方式，每一类又有若干个基本类型，它们各有自己的特点。

### 1. 按断路器安装方式分类

（1）固定式：断路器固定安装；柜内装有隔离开关；柜内空间较宽敞，检修容易；易于制造，成本较低；安全性差。

（2）移开式：断路器可随移开部件（手车）移出柜外；断路器移出柜外，更换、维修方便；省却隔离开关；结构紧凑；加工精度较高，价格贵些；按柜内隔室的构成半封闭式、柜体正面、侧面封闭，柜体背面和母线不封闭；结构简单，造价低；安全性差。

（3）箱式：隔室数目较少，或隔板防护等级低于 IP1X；母线也被封闭，安全性好些；结构复杂一些，价格稍高。

（4）间隔式：断路器及其两端相连的元件均有隔室；隔板由非金后板制成；安全性更好些；结构复杂，价格贵些。

（5）铠装式：结构与间隔式相同，但隔板由接地金属板制成；安全性最好；结构更复杂，价格更高。

### 2. 按柜内绝缘介质分类

（1）空气绝缘：极间和极对地的绝缘靠空气间隙保证；绝缘性能稳定；造价低；柜体体积大些。

（2）复合绝缘：极间和极对地绝缘靠较小的空气间隙加固体绝缘材料来保证；柜体体积小，但防凝性能不够可靠；造价高一些。

（3）$SF_6$ 气体绝缘：全部回路元件置于密闭以容器中，充入 $SF_6$ 气体；技术复杂；加工精度要求高；价格高。

目前国内开关柜，大都采用空气绝缘形式，虽然柜体大些，但由于绝缘性能可靠、维护方便、造价较低等优点，它仍为主流。至于复合绝缘，虽在真空断路器本体中有的型号采用了，但在开关柜中没有大量采用，最多在柜体主母线加套固体绝缘材料以增加它的绝缘可靠性。此外，对于柜内个别部位绝缘水平略显不足的，往往加入玻璃纤维绝缘板或者加套绝缘热缩套管，作为辅助的措施。

除了空气绝缘和复合绝缘之外，国外还有采用 $SF_6$ 气体绝缘的开关柜。这种开关柜将整个导电回路，包括母线、隔离开关、真空断路器、电流、电压互感器、避雷器，甚至电线头等元件全部包容在一个密闭的柜体中，内充稍高于大气压力的 SF 气体，由 SF 作为绝缘介质，称为充气柜。其优点是体积缩小，与外部环境条件（如湿度、海拔高度、灰尘、雾、污秽等）完全没有关系，缺点是技术复杂、精度高、电器元件本身的可靠性要求极高，价格异常高昂。我国尚未有此类产品投放市场。

## 8.5.2　真空开关柜的技术要求

在我国高压开关柜的 GB3906 和 DL404 标准中，较为重要和实用的有以下几项。

（1）对相间及相对地的绝缘距离的要求。

（2）对防凝露的爬电距离的要求。

（3）对防护等级的要求。为防止人体接近高压开关柜的高压带电部分或触及运动部分，以及防止固体异物进入壳内，IEC 标准统一了 IP 防护代码，防护等级的第四位字母表示电器设备对雨水的防护能力；由于户内柜体无防雨要求，也无须分级，故统用"X"表示。外表面通常可以做到 IP3X 级，有必要时也可做到 IP4X 级。内隔板防护要求可稍低，从 IP0X 到 IP3X 都有。

（4）对五防联锁功能的要求。五防联锁对防止误操作，减少人为事故，提高运行可靠性起到很大的作用。五防功能，指的是可以防止五种类型的电气误操作，这五种防误操作功能是：

① 防止误分、误合断路器。

②防止带负荷合上或分断隔离开关（或隔离插头）。

③防止带电操合接地开关或挂接地线--此功能涉及系统人为短路接地或人身生命安全，故定为强制性联锁。它要求：当断路器或上下隔离开关处于合闸时，接地开关绝不能被操合；只有当接地开关合闸之后，柜体的后门和下前门才能被打开，才可能挂夹临时性接地线。这通常采用机械联锁方式，使得隔离开关处于打开位置接地开关才能操台；随之前、后门才能开启挂接临时接地线。作为辅助措施，可在前、后门上加设高压带电显示装置作警示。

④防止带有临时接地线或接地开关合闸时送电—此项也是强制性的，目的是保证系统和人身的安全。

⑤防止误入带电间隔—亦是强制性的，以保人身安全。

归纳起来，实施五防功能方面，有非强制性的（a 项）和强制性的（b、c、d、e 项）；有主动性防御和被动性防御。被动防御指采用高压带电显示装置，只是提示性的，不够可靠。主动防御大致可分三类：①采用机械联锁装置，用机械零部件来传动并产生约束，可靠性最高（除非零件损坏、断裂），宜优先推荐使用；②采用翻牌（插头）和机械程序销，可靠性稍逊，因锁与匙之间并非绝对一一对应；③采用电气联锁，可靠性又差一些，因为电磁锁和导线都有损坏的可能，而且也需电源供电（须与继保回路电源分开），但优点是可以长距离传送。

（5）高压带电显示装置。在各类型开关柜中，经常使用高压带电显示装置。当主回路带有高压电时，它经过电容分压原理输出低压电压讯号，点燃氖灯，以灯光信号发出提示（也可以将低压讯号变换一下去控制电磁锁，构成强制性闭锁）。带电显示的感应元件多内藏于绝缘子或瓷瓶当中，后者还可起到支承作用。运行人员观察指示灯就可了解哪一段主回路在带电运行。在维护或测试柜内元件时，该提示信号更显得重要。高压带电显示装置本身价格不算高，六七百元一套（三相），占整柜价格比例很少，而对人身安全保障的作用是不小的。虽然氖泡有时会损坏，但三相同时损坏的可能性极小。因此建议设计院设计的主回路结线时，适当地多绘过高压带电显示装置，如果主结线图未绘出，生产厂家一般不会主动加过去，因为工程计价时没有计入，必然减少生产利润。

另外，对于进线柜主回路中从下隔离开关的上端到断路器下接线端之间的母线，有可能的话最好加装带电显示器。因为此段母线①是装设电流互感器的位置。电流互感器可能会损坏，造成接地。②直接反映下隔离开关的隔离状态。如果隔离开关传动件失灵，就可能出现操纵手柄打到分闸位置，而隔离开关的刀闸并没有断开的情况。③当检修或测试断路器或电流互感器而竭挂接临时地线时，往往是在此段母线上实施接地。多一组带电显示就多一个监测手段。

(6) 主进线不允许停电的情况。曾经遇到过配电房电源主进线不允许停电的情况，原因是该变电站的变压器是三绕组的，一个高压电源进线（带断路器），一个供配电房，另一个供变电站用电，即使配电房出了故障，站用电也不能停，即高压侧断路器不能跳闸。对于这种特殊情况，配电房的开关柜订货时需预先向生产厂家声明，否则生产厂家按常规设备制作，则会在主进钱柜断路器或电流互感器的维修、测试时就会带来相当大的危险。

解决的办法是将下隔离开关整个独立出来加以封隔。如果是下部电缆进线的方式，则应另增一柜，此柜仅装入下隔离开关（即进线隔离开关），其出线则可用母排或高压电缆引向主进线断路器柜，当然还需要解决两柜的联锁以满足防误的功能（可考虑采用程序锁）。如果是架空线从后柜进线的话，则可将进线（下）隔离开关整个移置于后柜内，由主柜后铁板起封隔离作用，但此时后柜的深度必须加深。

(7) 长期发热载流能力。由于一次回路各电器元件处于密封的柜内空（半封闭柜除外）同时运行，各自发出热量，柜内空气温度必然比柜外环境温度高些，导致电器元件散热困难，温升增高。而且根据 DL404-91 标准的要求，开关柜应通得过 110% 额定电流值的温升试验。因此，柜内电器元件，除电流互感器因测量、保护之需要外，其他如断路器、隔离开关（或隔离插头）、套管等元件，均应选取比长期额定电流规格大一个档次的产品，比如柜体为 630A 时选用 800A 的、800A 的选用 1000A、1000A 的选用 1250A 的电器元件等。

(8) 母线接触面处理。开关柜中有许多导电联接面，有电器元件出线端对母排的联接，也有母排对母排的联接。有电流时导电联接面会发热，发热量多少与电流密度有关，还与接触面的物理状态密切有关。

从微观角度来看，即使经过精细加工的接触面也是凸凹不平的，导电作用是通过若干个尖端碰触而实现的，非尖端部分则留有空气隙。潮湿空气中的水分，以及大气中的尘埃会渗入空气隙中，在发热和水分作用下接触表面会氧化和污秽，接触状态变差，接触电阻上升，发热量也就随之增加。所以电气联接面须有保护措施，最简易的办法是涂抹中性凡士林或导电膏，它们占据接头间的间隙，不让空气。水分和尘埃进入，减轻氧化程度。较好的办法是接触面镀锡。锡层质地软，在螺栓压力下产生延展，增加实际的电接触面积，而且锡不易被氧化。另外，在锡层保护下，接头的允许发热温度由 90℃提高到 105℃，颇有好处。

(9) 动稳定性。开关柜内的主母线和引下线，在有故障电流流过时产生较大的电动力，电动力大小与短路电流的平方成正比。电动力有两种：一种发生于三相母线之间，该作用力力图扩大和缩小三相母线间距离，方向交变，频率为工额的 2 倍；另一种产生于同相母线上，只要母线不在一条直线上，每一段彼此都有作用力，力的方向是力图使母线"板直"。

为了抗御电动力，母线需有足够的动稳定能力，这须借助支持绝缘子的支撑。一般来说，隔离开关的接线端板不要当作主要支撑力点，只可作辅助，当它参数较低时尤应如此。两个绝缘子之间的距离通常不应超过 800mm。支持绝缘子有时可用高压带电显示绝缘子兼任。

（10）开关柜柜体之间应有封隔。在变电所或开关站中，往往将许多面开关柜并列成为一排用主母线将各柜联结起来，构成配电网络。过去旧型开关柜母线室直接联通，中间无任何分隔或阻挡。这样当其中一台开关柜出现闪络故障时，电弧在将该柜烧毁的同时还要沿着联通的母线通道燃烧过去，接连烧毁一串开关柜，造成全站瘫痪停电，损失惨重，这种现象俗称"火烧连营"。

为了防止"火烧连营"，20 世纪 90 年代之后除半封闭式（GG-1A（F））型固定柜之外，其余各型箱式、间隔式和铠装式开关柜都采取柜与柜之间分隔的措施，用接地金属板将每柜封隔，主母线则通过穿墙套管再联接起来。当某柜出现柜内故障，事故电弧移到母线室后不能随意纵向扩散，基本上局限于本柜内，对邻柜影响大大降低，更不会一连串地烧下去，减少了损失。当用母线槽连接两柜时，切记加装隔板和套管。

（11）电缆头安装的高度。从底面进入柜内的电缆，多数穿越底板后再分岔，加上分相后外沿面也有绝缘要求，因此电缆头的安装点须有一定高度，通常以大于 500mm 为好。过低时，会给电缆头制作和施工安装带来困难，如须套装零序电流互感器时更感高度不够。

当两根及以上电缆并接时，分相电缆芯不能互相交错，须注意不同相电缆芯之间的绝缘距离。

（12）开关柜应考虑或有降低内部故障措施。开关柜常见内部故障、产生原因和防止措施见表 8-1。

表 8-1 开关柜常见内部故障、产生原因和防止措施

| 容易产生内部故障的部位 | 内部故障可能产生的原因 | 措施举例 | 备注 |
|---|---|---|---|
| 断路器 | 维护不良、机构螺钉松动、绝缘裕度不足 | 制订规程，增加绝缘隔板，定期按规定进行维护 | |
| 隔离开关、负荷开关、接地开关 | 误操作、接触不良或发热严重 | 制订规程；精心研磨触头，细心调整，敷导电膏；加联锁 | |
| 互感器 | 铁磁谐振 | 采用合适的电路设计，避免该类电效应 | |

（续表）

| 容易产生内部故障的部位 | 内部故障可能产生的原因 | 措施举例 | 备注 |
|---|---|---|---|
| 电缆室 | 设计不当 | 选择合适的尺寸 | |
| | 布置不当 | 避免电缆交叉连接 | |
| | 固体或液体绝缘的损坏（缺陷或流失） | 现场质量检查，进行绝缘耐压实验 | |
| | 闪络放电 | 柜体开设压力释放窗口 | |
| | 污染、潮气、灰尘和小动物的进入 | 采取措施改进运行环境条件 | |
| | 螺钉连接面和触头接触面电化腐蚀、装配不当 | 使用防腐蚀被镀层或导电膏，检查装配质量 | |
| | 五防联锁失灵、位置松动 | 维护、例行检查时试操作，分析原因，更换零件 | |
| | 零件损坏 | 维护、例行检查时试操作，分析原因，更换零件 | |
| | 在电场作用下老化 | 例行试验检查 | |
| | 过电压 | 防雷保护，现场绝缘耐压试验，加避雷器或 RC 吸收装置 | |
| 所有的部位 | 人员误入，工作人员的错误 | 用遮栏限制人员接近，带电部分以绝缘包裹，制订规程，张挂警示牌 | |

## ⚡ 项目小结

　　本项目主要讲述了出线柜电气控制分析、接线、安装、调试、运行、维护、保养。通过本项目的学习，应掌握出线柜的接线，对一般现场故障会查找并排除；会应用所学知识分析其控制线路，根据控制要求设计电气控制线路，并会安装与调试；掌握出线柜的操作及维修。

## ⚡ 项目练习

　　（1）出线柜是如何出线的？

　　（2）出线柜主要高压元件有哪些？

　　（3）出线柜如何防止闪络？

　　（4）出线柜接地开关如何操作？

　　（5）出线柜的出线端接什么？

# 项目 9　联　络　柜

⚡ **知识目标**

☞掌握联络柜的接线，对一般现场故障会查找并排除；

☞会应用所学知识分析其控制线路，根据控制要求设计电气控制线路，并会安装与调试；

☞掌握联络柜的操作及维修。

⚡ **技能目标**

☞训练学生的安全意识，培养学生的团队合作能力、组织管理能力、创新能力；

☞有效地处理日常生活中的各种需要和挑战的能力，并且在与他人、社会和环境的相互关系中表现出适应和积极的行为的能力。

## 9.1　项目导入

本项目通过图 9-1～图 9-3 介绍了联络柜的外观、结构、组成、主接线、控制电路接线。

### 9.1.1　联络柜结构

联络柜结构如图 9-1 所示。

**图 9-1　联络柜外观图**

### 9.1.2　联络柜主接线

联络柜主接线如图 9-2 所示。

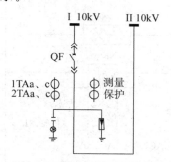

图 9-2　联络柜主接线图

### 9.1.3　联络柜二次接线

联络柜二次接线如图 9-3 所示。

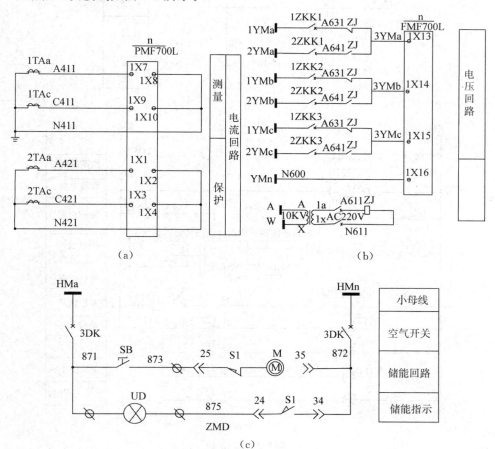

图 9-3　联络柜原理图

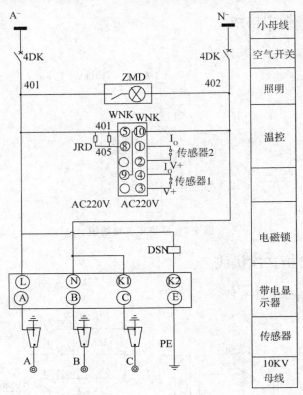

（d）

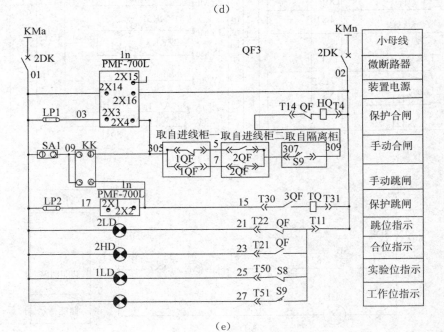

（e）

**图 9-3** （续 1）

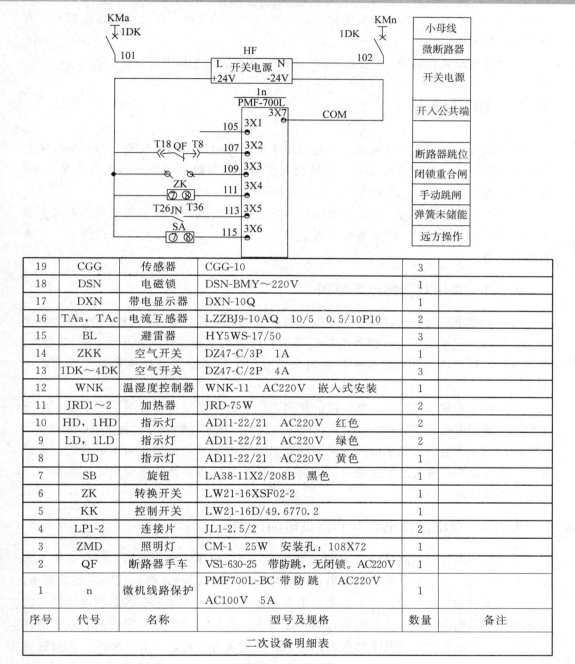

| 19 | CGG | 传感器 | CGG-10 | 3 | |
|---|---|---|---|---|---|
| 18 | DSN | 电磁锁 | DSN-BMY～220V | 1 | |
| 17 | DXN | 带电显示器 | DXN-10Q | 1 | |
| 16 | TAa，TAc | 电流互感器 | LZZBJ9-10AQ　10/5　0.5/10P10 | 2 | |
| 15 | BL | 避雷器 | HY5WS-17/50 | 3 | |
| 14 | ZKK | 空气开关 | DZ47-C/3P　1A | 1 | |
| 13 | 1DK～4DK | 空气开关 | DZ47-C/2P　4A | 3 | |
| 12 | WNK | 温湿度控制器 | WNK-11　AC220V　嵌入式安装 | 1 | |
| 11 | JRD1～2 | 加热器 | JRD-75W | 2 | |
| 10 | HD，1HD | 指示灯 | AD11-22/21　AC220V　红色 | 2 | |
| 9 | LD，1LD | 指示灯 | AD11-22/21　AC220V　绿色 | 2 | |
| 8 | UD | 指示灯 | AD11-22/21　AC220V　黄色 | 1 | |
| 7 | SB | 旋钮 | LA38-11X2/208B　黑色 | 1 | |
| 6 | ZK | 转换开关 | LW21-16XSF02-2 | 1 | |
| 5 | KK | 控制开关 | LW21-16D/49.6770.2 | 1 | |
| 4 | LP1-2 | 连接片 | JL1-2.5/2 | 2 | |
| 3 | ZMD | 照明灯 | CM-1　25W　安装孔：108X72 | 1 | |
| 2 | QF | 断路器手车 | VS1-630-25　带防跳，无闭锁。AC220V | 1 | |
| 1 | n | 微机线路保护 | PMF700L-BC　带 防跳　AC220V<br>AC100V　5A | 1 | |
| 序号 | 代号 | 名称 | 型号及规格 | 数量 | 备注 |
| 二次设备明细表 | | | | | |

图 9-3　（续 2）

## 9.2　项目分析

图 9-1 说明出线柜柜的主要元件为高压断路器开关；图 9-2 为联络柜主接线，显示了联络柜的接线原理；图 9-3 显示了联络柜控制原理和接线；联络柜的作用是把 10kV

双回路电源联系起来，当一端电源停电时，联络柜自动切换，保证双回路电源的所有负荷均正常工作。

本项目涉及的有联络柜的接线方式、使用、接线、维护保养及操作等。

# 9.3　知识链接

双回路电源是指二个变电所二个仓位出来的同等电压的二条线路。当一条线路有故障停电时，另一条线路可以马上切换投入使用。双电源供电当然是引自两个电源，馈电线路是两条；一用一备的电源，就是双电源供电。

双回路电源是这样的：两路进线接自不同的区域变电站；双回路电源是电源来源不同，相互独立，其中一个电源断电以后第二个电源不会同时断电，可以满足一二级负荷的供电。

## 9.3.1　采用双回路电源原因

（1）对于重要的电气设备，为了保证其供电的可靠性，通常采用两路电源为其供电。一路作为正常电源，一路作为应急电源，即备用电源。这两路电源的电压等级、性质等均一样，不同的是，这两路电源应该分别来自不同的而且是相对独立的配电系统。

（2）供电正常的情况下，电气设备使用正常电源，当正常电源因故断电时，应急电源，即备用电源会在极短的时间里自动切换投入，从而保证电气设备供电的连续性。

（3）当正常电源回复供电时，又自动在极短的时间里切换回正常电源供电。也就是说，不管是在正常情况下还是应急情况下，该电气设备仍然只使用两路电源中的一路，而不是同时使用两路

## 9.3.2　双电源供电和双回路供电的区别

双电源供电和双回路供电，人们一般都认为是一码事，互相混淆。但是事实上是有一些区别的。双电源供电当然是引自两个电源（性质不同），馈电线路当然是两条；一用一备如果指的是电源，那它就是双电源供电。一用一备如果指的是馈电线路，就不能称之为双电源供电了。双电源比双回路可靠，但对建筑单体来说，两者看起来好象没有什么区别，很多情况下都是两路进线。双电源有一种情况是这样的：两路进线接自不同的区域变电站；而对应，双回路有一种情况是这样的：两路进线接自同一区域变电站的不同母线。所以，"双回路"中的这个回路指的是区域变电站出来的回路。双电源是电源来源不同，相互独立，其中一个电源断电以后第二个电源不会同时断电，可以满足一二级负荷的供电。而双回路一般指末端，一条线路故障后另一备用回路投入运行，为设备供电。两回路可能是同一电源也可能是不同电源。

## 9.4　项目实施

**1. 讨论并确定实施方案**

任务：根据联络柜柜内元件，按照电路原理图，完成联络柜柜内元件的连接，并绘制主接线图。

（1）组织学生分组讨论，形成若干种方案。

（2）各组代表发言表述该组的设计方案，组织全体学生共同探讨该组方案的可行性、可靠性、经济性。

（3）点评各组方案的优缺点，解决该项目。

（4）帮助学生理解联络柜工作原理。

（5）帮助学生理解联络柜电气控制的接线、安装、调试、运行、维护、保养。

（6）各组根据讨论结果进行修正方案。

（7）绘出主接线图，给出方法。

**2. 方案实施过程**

（1）依据自己的方案绘制联络柜电气控制的电路图、主接线图。

（2）选择联络柜电气控制电路控制元件，并会使用、维修。

（3）联络柜电气控制的接线、安装、调试、运行、维护、保养。

**3. 项目完成效果评价**

（1）组织全体学生共同分享各组项目成果。

（2）选择观测点，看是否完成项目功能要求，查找原因。

（3）对方案的合理性、可靠性进行评价。

（4）抛出教师方案，引导学生进一步理解解决该方案的方法和技巧，让其再次修正自己的方案。

## 9.5　知识拓展

供电级别较高的负荷在正常情况下要能够提供充足的电源，在正常使用的电源出现故障时也要有足够的备用电源，当负荷遇到紧急情况时（如火灾、地震等），也必须有应急电源保证救灾和人员疏散。任

### 9.5.1　备用电源的供电方案

何负荷都需要消耗大量电能才能得以正常使用和运转，负荷消耗的电能，主要来源是国家或地区的电网，在电网不能保证供电或自身有特殊条件时也会以自备小型电厂作为主要电源或补充电源；在很多情况还会设置柴油发电机组和蓄电池储能设备作

为备用和应急电源。

（1）对于一级负荷，电网能够提供两路电源，同时保证这两路电源不会由于一路电源发生故障不能供电时，影响到另一路电源不能供电，在旧规范里称之为两路独立电源。这两路电源可以一路主要供电，另一路作为备用；也可以各自供部分负荷用电，同时互为备用。在没有特别重要的一级负荷时，可不设发电机组等应急电源[1]。

（2）对于一级负荷，能够有两路电网电源供电，但不能保证这两路电源不会由于一路电源发生故障不能供电时，影响到另一路电源，这两路电源可以一路主要供电，另一路作为备用；也可以各自供部分负荷用电，同时互为备用。由于电源满足不了负荷的供电需求，需要设置柴油发电机组或 EPS 等电源设备作为备用电源和消防应急电源。

（3）对于一级负荷，只能有一路电网电源供电，外电满足不了负荷的供电需求，必须设置柴油发电机等电源设备作为备用电源和消防应急电源。

（4）对于二级负荷，能够有两路电网电源供电，必须保证一路电源发生故障，另一路电源不受到损坏，这两路电源可以一路主要供电，另一路作为备用；也可以各自供部分负荷用电，同时互为备用，可以不设发电机组等备用和应急电源。

（5）对于二级负荷，当只有一路电网电源供电时，外电满足不了负荷的供电需求，也必须设置柴油发电机等电源设备作为备用电源和消防应急电源。

（6）对于二级负荷，在负荷较小或地区供电条件困难时，也可仅由一路电网电源供电而不设发电机组等应急电源。但这路电源必须满足以下条件之一：

①架空线路为 6kV 及以上的专用线路；

②埋地敷设的线路须由两根电缆组成，电缆截面适当加大，保证线路的每根电缆能够承受 100% 的二级负荷。

（7）当仅有三级负荷时，由一路电网电源供电。对（2）～（6）供电方案，应急照明需设蓄电池组或者灯具自带蓄电池，以满足应急照明的需要或电源转换时间不大于 5s 的要求。

## 9.5.2 备用电源选择

在一般民用建筑中，用电负荷按重要性可划分为一级、二级和三级负荷；按使用功能划分可分为：维持正常工作和生活的用电、保障舒适性的用电、保证建筑及人员安全的用电三种。有些负荷虽然负荷等级相同，但因为功能不同，供电考虑角度也不尽相同。

第Ⅰ类用电包括：住宅、写字楼和商业一般的工作和生活照明用电、生活水泵、北方冬天的供暖用电、非消防使用的普通电梯用电等，一旦不能供电，会影响到居民的生活、商场的营业和办公室的正常工作，给人们带来不便。

第Ⅱ类用电包括：住宅和办公室的空调、娱乐活动用电，普通场所的通风用电等，如果不能供电，会在一定程度上使人感到不舒服。

第Ⅲ类用电包括：各种场所在火灾时使用的排烟风机、楼梯加压风机、消防电梯、消防水泵及人员疏散照明的用电等，如果不能保证供电，会形成极大安全隐患，甚至直接引发事故，威胁到建筑和人员的安全。

在以上三种负荷中，第Ⅲ类负荷关系到建筑及人员安全，必须要保证用电；在电网电源不能满足需要时，必须设置应急电源。

第Ⅰ类负荷中维持正常生活的生活水泵、北方冬天的供暖用电、非消防使用的普通电梯用电等供电重要性与消防用电相同，应该保证用电；在电网电源不能满足需要时，需要设置备用电源。

第Ⅰ类负荷的一般工作和照明用电及第Ⅱ类负荷可以选择性的供给备用电源。

在很多时候，电网电源并不能满足建筑用电要求，这时就需要设置内部电源作为备用和应急电源。人们首先考虑到的是使用柴油发电机组。

柴油机的作用和使用范围决定了柴油发电机组的容量。在多数情况下，发电机组兼做应急电源和备用电源，其容量需考虑满足不同的需要。兼做应急电源和备用电源的发电机的容量，其额定输出容量应大于维持正常生活用电负荷所需容量，其应急输出容量应大于消防等应急负荷所需容量，选择发电机时应特别注意

（1）柴油发电机组的额定输出容量与应急输出容量并不相同，前者比后者大10％左右。

（2）发电机所带负荷的总容量应小于其标称值，同时考虑满足不同负荷所需的富裕量。

在现代建筑中，因为某些建筑的重要性很高，很多建筑中大量的使用了计算机设备，很多场合对供电的连续性要求很高。比如机场、铁路、银行、医院、重要办公建筑、重要会议中心等重要场所和一般建筑的消防和保安系统、计算机房等等。这类场合不但要求提供足够的备用电源，对电能的转换时间也有较高要求。对这类场所，除了提供必要的备用电源外，还应根据设备对电能转换时间的要求设置由蓄电池储能的UPS不间断电源系统，不间断电源系统的转换时间须满足设备容许最小断电时间的要求，对时间要求极高的场所，可以以浮充电的方式供电。

柴油发电机的优点非常明显，只要柴油能够保证供给，就可以长期供应可靠电能，在野外作业、救灾等场合及在电网供电不能保证的地区，这一优点尤为重要。在很多情况下柴油发电机供电的可靠程度远高于电网电源。

但柴油发电机的缺点与优点一样明显：

（1）发电机运行需要充足氧气，燃油产生的烟气严重污染空气，在建筑中设置发电机，需要考虑进风、排风、排烟通道和除烟设备，在环保意识较强地区还要求排烟出口必须在建筑群下风向的最高处，给建筑设计带来一定麻烦。

（2）发电机运行时产生的噪声和振动污染环境，发电机房周围房间使用受到限制。

（3）发电机组启动时间较长不能满足部分设备的电源转换时间的需要等。

于是 EPS 应急电源系统这种全新的产品应运而生，与发动机相比这种产品具有无

污染、低噪声、转换快的优点，在很多场合可以代替柴油发电机用于工程中。

### 9.5.3 应急电源分析

蓄电池作为供电能源的应急电源 EPS 与 UPS 的构成基本相同，主要组成均为充电器、逆变器、电池组、控制器等；EPS 主要作为应急照明电源和设备应急电源使用；UPS 作为给不容许断电的特殊设备保障电源使用。

需注意不同类别应急电源应针对不同负载选择使用，不应混用。

蓄电池应急电源优点是：不污染环境，电源转换时间短，尤其是 UPS 的转换时间以 ms 记，可以认为是瞬间转换。缺点是：电能容量受限制，充电时间长，不能长时间使用。

### 9.5.4 配电方案

在实际工程中，供电方案各自不同，每种供电方案又有不同配电方案可供选择。

方案一：对由两路高压电源供电，不设发电机组等应急电源的一、二类负荷的供电方案：变压器成组设置，每一组变压器数量不宜过多，分别由不同的高压线路供电，每一重要负荷的两路线路分别引自由不同高压线路供电的变压器。

方案二：对由一路高压电源供电，设置发电机组等应急电源的一、二级负荷的供电方案：每一重要负荷的两路线路，一路引自变压器，一路引自发电机。

方案三：对由两路高压电源供电，设置发电机组等应急电源的一、二级负荷的供电方案，可以同方案二一样，每一重要负荷的两路线路，一路引自变压器，一路引自发电机。

方案四：对由两路高压电源供电，设置发电机组等应急电源的一、二级负荷的供电方案，也可以采用这种方案：变压器成组设置，每一组有一台变压器（暂称为可备用变压器）低压侧与柴油发电机采用自投自复式双电源切换开关连接，切换开关后形成一段单独的母线段，本变压器组所有重要负荷的应急或备用电源均由该段母线段引出，需注意的是可备用变压器的供电能力不应小于发电机的供电能力。本人在设计中经常采用方案四，曾经将一个工程中六台变压器设为一组。

方案四比方案三有明显的优点：其一，方案三每一台带有重要负荷的变压器因故不能供电，发电机均需启动，方案四只有可备用变压器不能供电，发电机才会启动，柴油发电机启动条件简化，发电机启动次数减少；其二，如果能将带有重要负荷的变压器与可备用变压器由不同高压电源供电的话，重要负荷将会有两路电网电源和发电机电源三重保障，供电可靠性达到最佳；第三，当采用重要负荷双电源监控系统时，只有正常情况下两路电源均带电才能有效监控，这一条件方案三是做不到的。

对仅有一路高压电源供电，不设发电机组等应急电源的供电方案，二级重要负荷的两路电源应尽可能引自不同变压器。

在实际工程中，一般会选用柴油发电机作为备用（应急）电源，选用 UPS 作为计算机类负载的保障电源，配备一定数量的由 EPS 供电或自带电池的应急灯具。

EPS 为设计人员带来了新的选择，有些设计人员将 EPS 用作备用电源，这样做虽然有很大的好处，但其自身的局限性又使在使用中受到限制。

对有两路电源供电的一、二类建筑，电源等级比较高，EPS 作为备用电源实际上只是作为应急电源或消防应急电源使用。一般工程中的消防设备要求的供电时间不太长，最长（火灾时需保证照明的房间）的不超过 3h，这种情况使用 EPS 自然是上佳选择；但如果是只有一路电源供电的一、二类建筑，备用（应急）在多数情况下是在作为电梯、生活水泵、污水泵等非消防负荷的备用电源使用，主电源的故障时间难以确定，备用电源使用时间不可预计，EPS 作为备用（应急）电源不能满足需要。即使增加电池数量，仍然只能在有限时间供电，仍无法满足备用电源的需要。

## ⚡ 项目小结

本项目主要讲述了联络柜电气控制分析、接线、安装、调试、运行、维护、保养。通过本项目的学习，应掌握联络柜的接线，对一般现场故障会查找并排除；会应用所学知识分析其控制线路，根据控制要求设计电气控制线路，并会安装与调试；掌握联络柜的操作及维修。

## ⚡ 项目练习

（1）简述联络柜内主要的开关元件。

（2）简述联络柜的作用。

（3）联络柜在什么情况下会自动投入运行？

（4）如何检修联络柜？

（5）如何操作联络柜？

# 项目 10　隔　离　柜

⚡ 知识目标

☞掌握隔离柜的接线，对一般现场故障会查找并排除；

☞会应用所学知识分析其控制线路，根据控制要求设计电气控制线路，并会安装与调试；

☞掌握隔离柜的操作及维修。

⚡ 技能目标

☞训练学生的安全意识，培养学生的团队合作能力、组织管理能力、创新能力；

☞有效地处理日常生活中的各种需要和挑战的能力，并且在与他人、社会和环境的相互关系中表现出适应和积极的行为的能力。

## 10.1　项目导入

本项目通过图 10-1～图 10-3 介绍了联络柜的外观、结构、组成、主接线、控制电路接线。

### 10.1.1　隔离柜结构

隔离柜结构如图 10-1 所示。

图 10-1　隔离柜外观图

## 10.1.2　隔离柜主接线

隔离柜主接线如图 10-2 所示。

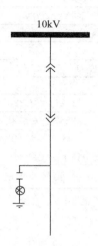

**图 10-2　隔离柜主接线图**

## 10.1.3　隔离柜二次接线

隔离柜二次接线如图 10-3 所示。

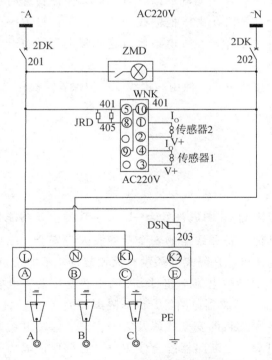

**图 10-3　隔离柜原理图**

| 序号 | 代号 | 名称 | 型号及规格 | 数量 | 备注 |
|---|---|---|---|---|---|
| 11 | | | | | |
| 10 | | | | | |
| 9 | CGG | 传感器 | CGG-10 | 3 | |
| 8 | DSN | 电磁锁 | DSN-BMY～200V | 1 | |
| 7 | DXN | 带电显示器 | DXN-10Q | 1 | |
| 6 | 1DK～2DK | 空气开关 | DZ47-C/2P 4A | 2 | |
| 5 | WNK | 温湿度控制器 | WNK-11 AC220V 嵌入式安装 | 1 | |
| 4 | DJR1～2 | 加热器 | JRD-75W | 2 | |
| 3 | 1HD，1LD | 指示灯 | AD11-22/21 AC220V 红绿色 | 2 | |
| 2 | ZMD | 照明灯 | CM-1 25W 安装孔：108X72 | 1 | |
| 1 | T | 隔离手车 | GZS1 630A 配800mm 宽柜 闭锁电磁铁 AC220V | 1 | |

**图 10-3 （续）**

# 10.2　项目分析

图 10-1 说明隔离柜的主要元件为高压隔离开关；图 10-2 为隔离柜主接线，显示了隔离柜的接线原理；图 10-3 显示了隔离柜控制原理和接线；高压配电接线中，要求电源开关与电源（线路）之间应当有一个明确的断开点，可以保证检修时能够看到电源是被断开的，以确保人身安全，所以在高压柜进线开关前，往往设置一个隔离柜，其中的设置隔离开关或者隔离开关小车，在停电检修时将此隔离开关打开，以保证高压柜与电源断开联系。

本项目涉及的有隔离柜的接线方式、使用、接线、维护保养及操作等。

# 10.3　知识链接

## 10.3.1　高压隔离开关

高压隔离开关（文字符号为 QS，图形符号为－│＿＿＿－）的主要功能是隔离高压电源，进行倒闸操作，以保证其他设备和线路的安全检修及人身安全。隔离开关断开后具有明显的可见断开间隙，绝缘可靠。隔离开关没有灭弧装置，不能带负荷拉、合闸，但可用来通断一定的小电流，如励磁电流不超过 2A 的空载变压器、电容电流不超过 5A 的空载线路以及电压互感器和避雷器电路等。高压隔离开关（QS）的主要功能是隔离高压电源，以保证其他设备和线路的安全检修及人身安全。隔离开关断开后，具有明显的可见断开间隙，绝缘可靠。与断路器配合使用时，必须保证隔离开关的"先通后断"，即送电时应先合隔离开关，后合断路器；停电时应先断开断路器，后断开隔离开关。通常应在隔离开关与断路器之间设置闭锁机构，以防止误操作。

高压隔离开关按安装地点分为户内式（GN 系列，三相刀闸同一底座）和户外式（GW 系列，单柱式、双柱式、三柱式）两大类；按有无接地可分为不接地、单接地、双接地三类。GN8-10 型高压隔离开关外形结构如图 10-1 所示。

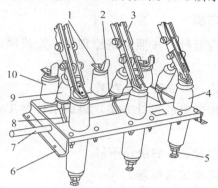

**图 10-4　GN8-10 型高压隔离开关外形结构**

1—上接线端子；2—静触头；3—闸刀；4—套管绝缘子；5—下接线端子；
6—框架；7—转轴；8—拐臂；9—升降绝缘子；10—支柱绝缘子

### 10.3.2　常见的高压隔离开关

常见的高压隔离开关如图 10-2 所示。

**图 10-2　常见的高压隔离开关**

## 10.4　项目实施

### 1. 讨论并确定实施方案

任务：根据隔离柜柜内元件，按照电路原理图，完成隔离柜柜内元件的连接，并绘制主接线图。

（1）组织学生分组讨论，形成若干种方案。

（2）各组代表发言表述该组的设计方案，组织全体学生共同探讨该组方案的可行性、可靠性、经济性。

（3）点评各组方案的优缺点，解决该项目。

（4）帮助学生理解隔离柜工作原理。

（5）帮助学生理解隔离柜电气控制的接线、安装、调试、运行、维护、保养。

（6）各组根据讨论结果进行修正方案。

（7）绘出主接线图，给出方法。

### 2. 方案实施过程

（1）依据自己的方案绘制隔离柜电气控制的电路图、主接线图。

（2）选择隔离柜电气控制电路控制元件，并会使用、维修。

（3）隔离柜电气控制的接线、安装、调试、运行、维护、保养。

### 3. 项目完成效果评价

（1）组织全体学生共同分享各组项目成果。

（2）选择观测点，看是否完成项目功能要求，查找原因。

（3）对方案的合理性、可靠性进行评价。

（4）抛出教师方案，引导学生进一步理解解决该方案的方法和技巧，让其再次修正自己的方案。

# 10.5　知识拓展

## 10.5.1　高压隔离开关的工作机理

高压隔离开关保证了高压电器及装置在检修工作时的安全，起隔离电压的作用，不能用与切断、投入负荷电流和开断短路电流，仅可用于不产生强大电弧的某些切换操作，即是说它不具有灭弧功能；按安装地点不同分为，屋内式和屋外式，按绝缘支柱数目分为，单柱式，双柱式和三柱式，各电压等级都有可选设备。还可将高压配电装置中需要停电的部分与带电部分可靠地隔离，以保证检修工作的安全。高压隔离开关的触头全部敞露在空气中，具有明显的断开点，隔离开关没有灭弧装置，因此不能用来切断负荷电流或短路电流，否则在高压作用下，断开点将产生强烈电弧，并很难自行熄灭，甚至可能造成飞弧（相对地或相间短路），烧损设备，危及人身安全，这就是所谓"带负荷拉隔离开关"的严重事故。

高压隔离开关还可以用来进行某些电路的切换操作，以改变系统的运行方式。例如：在双母线电路中，可以用高压隔离开关将运行中的电路从一条母线切换到另一条母线上。

### 10.5.2　高压隔离开关的特点

（1）在电气设备检修时，提供一个电气间隔，并且是一个明显可见的断开点，用以保障维护人员的人身安全。

（2）隔离开关不能带负荷操作：不能带额定负荷或大负荷操作，不能分、合负荷电流和短路电流，但是有灭弧室的可以带小负荷及空载线路操作。

（3）一般送电操作时：先合隔离开关，后合断路器或负荷类开关；断电操作时：先断开断路器或负荷类开关，后断开隔离开关。

（4）选用时和其他的电气设备没有什么两样，都得是额定电压、额定电流、动稳定电流、热稳定电流等都得符合使用场合的需要。

高压隔离开关的作用是断开无负荷电流的电路．使所检修的设备与电源有明显的断开点，以保证检修人员的安全，隔离开关没有专门的灭弧装置不能切断负荷电流和短路电流，所以必须在电路在断路器断开电路的情况下才可以操作隔离开关，

⚡ **项目小结**

本项目主要讲述了隔离柜电气控制分析、接线、安装、调试、运行、维护、保养。通过本项目的学习，应掌握隔离柜的接线，对一般现场故障会查找并排除；会应用所学知识分析其控制线路，根据控制要求设计电气控制线路，并会安装与调试；掌握隔离柜的操作及维修。

⚡ **项目练习**

（1）常见的高压隔离开关有哪些？

（2）高压隔离开关有哪些作用？

（3）高压隔离开关常安装在什么位置？

（4）高压隔离开关有无灭弧装置？

（5）高压隔离开关如何操作？

# 项目 11　低压馈线柜

## 知识目标

☞掌握低压馈线柜的接线，对一般现场故障会查找并排除；

☞会应用所学知识分析其控制线路，根据控制要求设计电气控制线路，并会安装与调试；

☞掌握低压馈线柜的操作及维修。

## 技能目标

☞训练学生的安全意识，培养学生的团队合作能力、组织管理能力、创新能力；

☞有效地处理日常生活中的各种需要和挑战的能力，并且在与他人、社会和环境的相互关系中表现馈适应和积极的行为的能力。

# 11.1　项目导入

本项目通过图 11-1～图 11-3 介绍了低压馈线柜的外观、结构、组成、主接线、控制电路接线。

## 11.1.1　低压馈线柜结构

低压馈线柜结构如图 11-1 所示。

**图 11-1　低压馈线柜外观图**

## 11.1.2 低压馈线柜主接线图

低压馈线柜主接线图如图 11-2 所示。

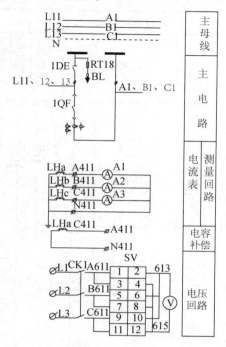

| 设备表 | | | | | 设备表 | | | | | |
|---|---|---|---|---|---|---|---|---|---|---|
| 11 | SV | 电压表 | 6L2-V 0-450 | 1 | | | | | | |
| 10 | RD, DN | 指示灯 | AD11-22/ 41-9GZ | 3 | AC220V 红绿各 1 | 19 | SA | 转换开关 | LW12- 16YH3/3 | 1 |
| 09 | ISBS | 按钮 | LA38-11S/ 209 | 1 | 绿色 | 18 | BL | 避雷器 | HJSPD-380 100/4 | 1 |
| 08 | 1SB | 按钮 | LA38-11/ 209 | 1 | 红色 | 17 | X | 端子排 | UK5N | 45 |
| 07 | FU1-3 | 熔断器 | RT18-20/ 60A | 3 | | 16 | X | 端子排 | URTK/S | 8 |
| 06 | CK3 | 微断 | DZ47-63/ 2P | 1 | 2A | 15 | 1QZJ | 继电器 | JZC1-44 | 1 AC220V |
| 05 | CK2 | 微断 | DZ47-63/ 2P | 1 | 10A | 14 | 1JS | 时间继电器 | ST3PC-A | 1 AC220V |
| 04 | CK1 | 微断 | DZ47-63/3P | 1 | 2A | 13 | 1JZ | 继电器 | JZC1-44 | 1 AC380V |
| 03 | 1A-3A | 电流表 | 6L2-A 100/5 | 3 | | 12 | 1SA | 转换开关 | LW12-16/ 4 5501.2 | 1 |
| 02 | 1LHa-a′ | 互感器 | BH-0.66 | 4 | 100/5A 0.5 | 11 | 1DK | 刀开关 | HD13BX-600/ 3P | 1 |
| 01 | 1QF | 断路器 | DW15-630/3P | 1 | 固定式、欠压、合闸、分闸控制电压 220V | | | | | |
| 序号 | 标号 | 名称 | 型号规格 | 数量 | 备注 | 序号 | 标号 | 名称 | 型号规格 | 数量 备注 |

图 11-2 低压馈线柜主接线

### 11.1.3 低压馈线柜控制原理图

低压馈线柜控制原理图如图 11-3 所示。

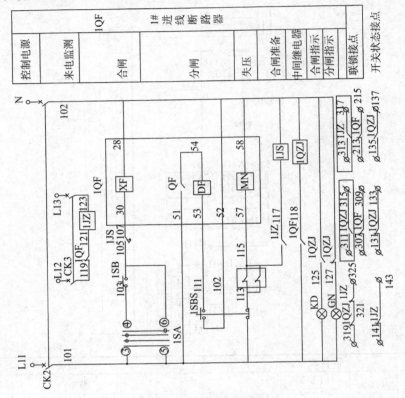

图 11-3 低压馈线柜原理图

# 11.2 项目分析

图 11-1 说明低压馈线柜的主要元件为低压断路器；图 11-2 为低压馈线柜主接线；显示了低压馈线柜的接线原理；图 11-3 显示了低压馈线柜控制原理和接线。低压馈线柜的作用是低压馈线柜接在变压器的输出端，为负荷的总开关。

本项目涉及的有低压馈线柜的接线方式、使用、接线、维护保养及操作等。

# 11.3 知识链接

用来接通或断开 1000V 以下的交流和直流电路的电气设备，低压开关元件主要有低压断路器、刀开关、低压熔断器等

### 11.2.1 低压熔断器

低压熔断器可以实现低压配电系统的短路保护，有的熔断器也能实现过负荷保护。常用的类型及特性如下。

### 1. RM10 型低压无填料密闭管式熔断器

灭弧断流能力较差，属非限流式熔断器；结构简单，价廉及更换熔体方便，仍较普遍地应用于低压配电装置中。RM10 型低压无填料密闭管式熔断器如图 11-4 所示。

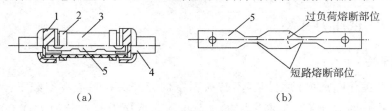

（a）　　　　　　　　　　　（b）

**图 11-4　RM10 型低压无填料密闭管式熔断器**

1—熔管帽；2—管夹；3—纤维熔管；4—触刀；5—变截面锌熔片

（a）熔管；（b）熔片

### 2. RT0 型低压有填料封闭管式熔断器

灭弧断流能力很强，具有限流作用。能实现短路保护和过负荷保护。RTO（NATO）系列有填料封闭管式刀形触头熔断器。RTO（NATO）适用于交流 50Hz，额定电压为 380V，或直流 400V，额定电流至 630A 的工业电气装置的配电设备中作线路过载和短路保护之用，保护性能好，断流能力大，可应用在靠近电源的配电装置，但它多为不可拆式，熔体熔断后报废，不经济。RT0 型填料封闭管式熔断器如图 11-5 所示。

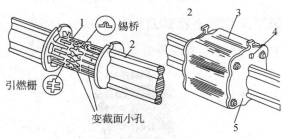

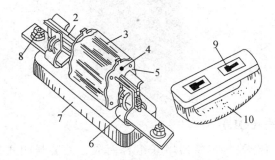

**图 11-5　RT0 型填料封闭管式熔断器**

1—栅状钢熔体；2—触刀；3—瓷熔管；4—熔断指示器；5—端面盖板；6—弹性触座；

7—底座；8—接线端子；9—扣眼；10—绝缘拉手手柄

（a）熔体；（b）熔管；（c）熔断器；（d）绝缘操作手柄

### 3. RS3 型有填料封闭管式快速熔断器

RS3 型有填料封闭管式快速熔断器主要作硅整流元件及其成套装置的短路或过负荷保护，灭弧断流能力很强，具有限流作用，长期工作不老化、不误动作。

## 11.2.2 低压刀开关

### 1. 刀开关

低压刀开关作隔离电源之用。不带灭弧罩的刀开关，只能在空载下操作。带灭弧罩（如钢栅片）的刀开关，通断一定的负荷电流。低压刀开关分为 HD（单投）和 HS（双投）两类。低压刀开关如图 11-6 所示。

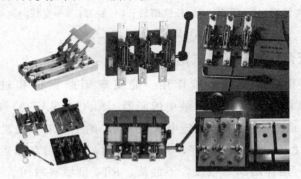

图 11-6 刀开关实物图

### 2. 低压刀熔开关（又称熔断器式刀开关）

由刀开关与熔断器组合而成。低压刀熔开关如图 11-7 所示。

图 11-7 低压刀熔开关

### 3. 低压负荷开关（QL）

由带灭弧装置的刀开关与熔断器串联组合而成、外装封闭式铁壳或开启式胶盖的开关电器。可带负荷操作，能进行短路保护，例如：HH 封闭式负荷开关和 HK 开启式负荷开关。低压负荷开关如图 11-8 所示。

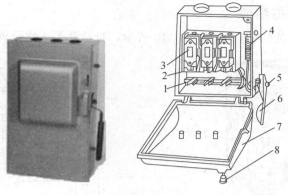

**图 11-8　低压负荷开关**

1—U 形动触刀；2—静夹座；3—瓷插式熔断器；4—速断弹簧；5—转轴

6—手柄；7—开关盖；8—开关盖锁紧螺钉

### 11.2.3　低压断路器

能带负荷通断，又能在短路、过负荷和失压等时自动跳闸。常用的有低压空气开关、自动空气开关。自动开关又称自动空气断路器或自动空气开关。它不但能用于正常工作时不频繁接通和断开的电路，而且当电路发生过载、短路或欠压等故障时，能自动切断电路，有效地保护串接在它后面的电气设备。因此自动开关在机床上的使用越来越广泛。

#### 1. 低压断路器的类型

（1）低压断路器按用途可分为配电线路用低压断路器、电动机保护用低压断路器、照明线路用低压断路器、漏电保护用低压断路器。

（2）低压断路器按分断性能可分为一般型低压断路器和限流型低压断路器。

（3）低压断路器按保护特性可分为选择型低压断路器和非选择型低压断路器。

（4）低压断路器按结构形式可分为塑料外壳式（装置式）低压断路器和框架式（万能式）低压断路器。

常见的低压断路器如图 11-9 所示。

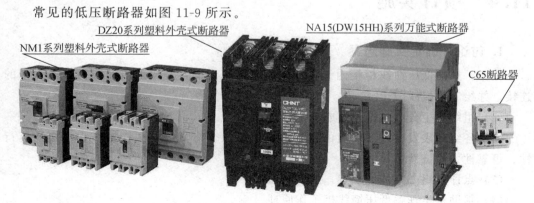

**图 11-9　常见的低压断路器**

### 2. 低压断路器的结构

3VE4 型自动开关的外观图如图 11-10 所示，自动开关工作原理图如图 11-11 所示。

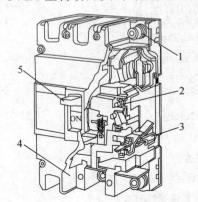

**图 11-10    3VE4 型自动开关的外观图**

1—接线柱；2—脱扣指示按钮；

3—过电流脱扣器；4—外壳；

5—操作手柄

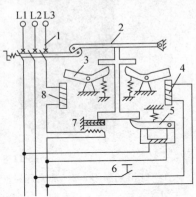

**图 11-11    自动开关工作原理图**

1—主触点；2—自由脱扣机构；3—衔铁；

4—分励脱扣器；5—欠压脱扣器；6—按钮；

7—热脱扣；8—过电流脱扣器

### 3. 低压断路器的工作原理

如图 11-11 所示，自动开关的主触点是靠操作机构手动或电动合闸的，并由自由脱扣机构将主触点锁在合闸位置上。如果电路发生故障，自由脱扣机构在有关脱扣器的推动下动作，使钩子脱开，则主触点在弹簧作用下迅速分断。过电流脱扣器的线圈和热脱扣器的热元件与主电路串联，欠压脱扣器的线圈与电路并联。当电路发生短路或严重过载时，过电流脱扣器的衔铁被吸合，使自由脱扣机构动作。当电路过载时，热脱扣器的热元件产生的热量增加，使双金属片向上弯曲，推动自由脱扣机构动作。当电路欠压时，欠压脱扣器的衔铁释放，也使自由脱扣机构动作。分励脱扣器则作为远距离控制分断电路之用。

# 11.4    项目实施

### 1. 讨论并确定实施方案

任务：根据低压馈线柜柜内元件，按照电路原理图，完成低压馈线柜柜内元件的连接，并绘制主接线图。

（1）组织学生分组讨论，形成若干种方案。

（2）各组代表发言表述该组的设计方案，组织全体学生共同探讨该组方案的可行性、可靠性、经济性。

（3）点评各组方案的优缺点，解决该项目。

（4）帮助学生理解低压馈线柜工作原理。

（5）帮助学生理解低压馈线柜电气控制的接线、安装、调试、运行、维护、保养。

（6）各组根据讨论结果及修正方案。

（7）绘出主接线图，给出方法。

### 2. 方案实施过程

（1）依据自己的方案绘制低压馈线柜电气控制的电路图、主接线图。

（2）选择低压馈线柜电气控制电路控制元件，并会使用、维修。

（3）低压馈线柜电气控制的接线、安装、调试、运行、维护、保养。

### 3. 项目完成效果评价

（1）组织全体学生共同分享各组项目成果。

（2）选择观测点：看是否完成项目功能要求，查找原因。

（3）对方案的合理性、可靠性进行评价。

（4）抛出教师方案，引导学生进一步理解解决该方案的方法和技巧，让其再次修正自己的方案。

# 11.5　知识拓展

### 11.5.1　低压配电柜操作的基本规定

（1）低压配电柜的操作人员需通过国家相关部门培训、考核并获得进网证和操作证。

（2）低压配电柜的操作人员熟悉本岗位规章制度和变配电设备的性能、操作方法以及事故情况下的正确处理方法。

（3）熟悉并正确使用电工安全用具和消防用具。

（4）配电房维修必须挂相关警示牌，二人进行，一人操作，一人监护，巡检时可以一人进行，但必须通知其他当班人员，与被检设备保持 0.7m 以外距离。

### 11.5.2　低压配电柜的检查

（1）柜门开关动作灵活可靠，屋顶无渗漏水，柜外、柜内清洁无杂物，柜门钥匙、操作棒、警示牌等齐全。

（2）各负荷开关手自动合闸分闸灵活可靠，过压、过流、欠压、失压保护功能完好，安装接线牢固可靠无灼痕、、隔离开关合闸分闸灵活可靠，安装牢固，触点（连接处）接触牢固、无灼痕。

（3）各面板指示灯齐全，指示仪表（含互感器）指示准确且在有效期内使用。

（4）补偿电容无漏液，功率补偿仪工作正常指示准确。

（5）接地线油漆无脱落，紧固螺丝牢固，接线线或排无破损、硬伤、腐蚀现象。

### 11.5.3　低压配电柜的送电

（1）合主开关

关后门→关前门→把手至分断闭锁→操作棒合上隔离→操作棒合下隔离→把手至

工作位置→合断路口（自动合闸按钮）→挂"请勿合闸带电危险"

（2）合分开关

关后门→关前门→把手至分断闭锁→操作棒合上隔离→操作棒合下隔离→把手至工作位置→合断路口（自动合闸按钮）。

（3）注意：送电前必须断开负荷，停电时必须断开负荷开关，严禁带负荷的情况下用隔离开关来切断负荷电源。

### 11.5.4　低压配电柜的停电过程

分断断路器→把手至分断闭锁→操作棒分断下隔离→操作棒分断上隔离→把手至检修位置→开前门→开后门→挂"停电检修"，在紧急情况下，允许在合闸状态下开门，此时只许打开解锁装置。

### 11.5.5　低压配电柜操作的巡检

（1）配电房严禁闲人进入，每天最少一次进行全面检查，电工抄表时必须对配电房的全面工作情况进行检查，发现问题必须记录，并即时解决。

（2）巡检一人以上，其中一人监护，与导体保持一定距离。

（3）严重情况必须立即停主电源并通知总部高压配电房停电。

### 11.5.6　检修

（1）检修人员必须配齐相关有效电工工具、穿戴好绝缘保护用品及悬挂警示牌。

（2）应挂接保护性临时接地线（在验电后复查无误，确认无电后才可装设接地线），装设接地线时人体要保持与导体的安全距离；先接接地端，后接设备端，并应良好连接，拆时顺序相反。

### ⚡ 项目小结

本项目主要讲述了低压馈线柜电气控制分析、接线、安装、调试、运行、维护、保养。通过本项目的学习，应掌握低压馈线柜的接线，对一般现场故障会查找并排除；会应用所学知识分析其控制线路，根据控制要求设计电气控制线路，并会安装与调试；掌握低压馈线柜的操作及维修。

### ⚡ 项目练习

（1）低压馈线柜的主要元件有哪些？

（2）低压馈线柜的作用有哪些？

（3）低压馈线柜的母线常用那种形状的有利于散热？

（4）低压馈线柜进线端与变压器的初级或是次级相连？

（5）低压馈线柜保护措施有哪些？

# 项目 12　补　偿　柜

## ⚡ 知识目标

☞掌握补偿柜的接线，对一般现场故障会查找并排除；

☞会应用所学知识分析其控制线路，根据控制要求设计电气控制线路，并会安装与调试；

☞掌握补偿柜的操作及维修。

## ⚡ 技能目标

☞训练学生的安全意识，培养学生的团队合作能力、组织管理能力、创新能力；

☞有效地处理日常生活中的各种需要和挑战的能力，并且在与他人、社会和环境的相互关系中表现出适应和积极的行为的能力。

## 12.1　项目导入

本项目通过图 12-1 和图 12-2 介绍了低压补偿柜柜的外观、结构、组成、主接线、控制电路接线。

### 12.1.1　补偿柜结构

补偿柜结构如图 12-1 所示。

**图 12-1　补偿柜外观图**

## 12.1.2 补偿柜接线

补偿柜接线如图 12-2 所示。

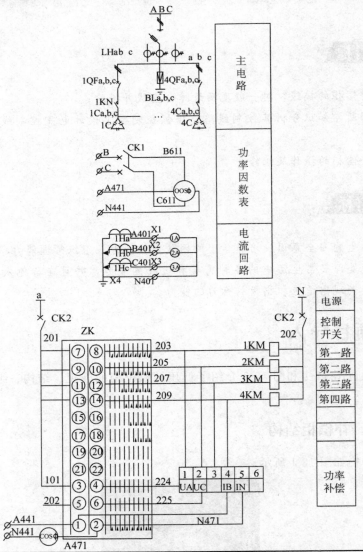

| 13 | | | | | |
|---|---|---|---|---|---|
| 12 | ZK | 转换开关 | LW12-16M/7533/5 | 1 | |
| 11 | CK1-CK2 | 微断 | DZ47-63/2P | 2 | 6A |
| 10 | BL | 避雷器 | F1.5W-0.28 | 3 | |
| 9 | COSΦ | 功率因数表 | 6L2-COSΦ | 1 | 380V 5A |

图 12-2 补偿柜原理图

| 8 | 1-4C | 电容器 | BCMJ-0.45-10-3 | 4 | |
| 7 | 1-4KM | 接触器 | CJ19-25 | 4 | AC220 |
| 6 | 1-4QF | 熔断器 | DZ47-63/3P | 4 | 25A |
| 5 | FD1-8 | 放电灯 | AD11-22/41-9GZF | 12 | AC380 白色 |
| 4 | LHa-LHc | 电流互感器 | BH-0.66 | 3 | 100/5 |
| 3 | 1-3A | 电流表 | 6L2-A | 3 | 100/5 |
| 2 | DWG | 补偿控制器 | NWK-G.5A | 1 | 380V |
| 1 | QSA | 刀熔开关 | QS-125 | 1 | |
| 序号 | 设备代号 | 设备名称 | 型号规格 | 数量 | 备注 |

图 12-2　（续）

# 12.2　项目分析

图 12-1 说明低压补偿柜的主要元件为低压断路器、电力电容；图 12-2 为低压补偿柜主接线、控制电路接线，显示了低压补偿柜的接线原理；其作用是低压补偿柜用来补偿低压回路的感性负载。

本项目涉及的有低压补偿柜的接线方式、使用、接线、维护保养及操作等。

# 12.3　知识链接

## 12.3.1　功率因数和无功功率补偿

用户中绝大多数用电设备，如感应电动机、电力变压器、电焊机以及交流接触器等，他们都要从电网吸收大量无功电流来产生交变磁场。功率因数 $\cos\varphi$ 是反映在有功功率一定的条件下，取用无功功率的多少。取用的无功功率越多，则功率因数越低。除白炽灯、电阻电热器等设备负荷的功率因数接近于 1 外，其他如电动机、变压器、电抗器等功率因数均小于 1。而功率因数是衡量供配电系统是否经济运行的一个重要指标。功率因数是随着负荷和电源电压的变动而变动的，因此该值的计算也就有多种方法。

### 1. 瞬时功率因数

瞬时功率因数可由功率因数表（相位表）直接测量，也可以用在同一时间测得的有功功率表、电流表和电压表的读数计算得到。

瞬时功率因数用于观察功率因数的变化情况，即了解和分析用户或设备在生产过程中无功功率的变化情况，以便采取相应补偿措施。

### 2. 平均功率因数

平均功率因数是指在某一时间内的平均功率因数，也称加权平均功率因数。供电部门根据月平均功率因数调整用户的电费电价，即实行高奖低罚的奖惩制度。

电力系统安装与调试

### 3. 最大负荷时的功率因数

最大负荷时的功率因数是指在年最大负荷（计算负荷）时的功率因数，计算公式为

$$\mathrm{co}\varphi_{\xi}=\frac{P_{\xi}}{S_{\xi}} \tag{12-1}$$

### 4. 功率因数对供配电系统的影响

所有具有电感特性的用电设备都需要从供配电系统中吸收无功功率，从而降低功率因数。功率因数太低将会给供配电系统带来以下不良影响。

（1）电能损耗增。

（2）电压损失增大。

（3）供电设备利用率降低。

无功电流增加后，供电设备的温升会超过规定范围。为控制设备温升，所以工作电流也受到控制，在功率因数降低后，不得不降低输送的有功功率 $P$ 来控制电流 $I$ 的值，这样就降低了供电设备的供电能力。

正是由于功率因数在供配电系统中影响很大，所以要求电力用户功率因数达到一定的值，不能太低，太低就必须进行补偿。国家标准 GB/T3485—1998《评价企业合理用电技术导则》中规定："在企业最大负荷时的功率因数应不低于 0.9，凡功率因数未达到上述规定的，应在负荷侧合理装置集中与就地无功补偿设备"。为鼓励提高功率因数，供电部门规定，凡功率因数低于规定值时，将予以罚款，相反，功率因数高于规定值时，将得到奖励，即采用"高惩低罚"的原则。这里所指的功率因数，即为最大负荷时的功率因数。

### 5. 提高功率因数的方法

功率因数不满足要求时，首先应提高自然功率因数，然后再进行人工补偿。

（1）提高自然功率因数。功率因数不满足要求时，首先应提高自然功率因数。自然功率因数是指未装设任何补偿装置的实际功率因数。提高自然功率因数，就是不添置任何补偿设备，采用科学措施减少用电设备的无功功率的需要量，使供配电系统总功率因数提高。因为他不需增加设备，是最理想最经济改善功率因数的方法。

①合理选择电动机的规格、型号。笼型电动机的功率因数比绕线式电动机的功率因数高，开启式和封闭式的电动机比密闭式的功率因数高。所以在满足工艺要求的情况下，尽量选用功率因数高的电动机。

由于异步电动机的功率因数和效率在 70％ 至满载运行时较高，在额定负荷时功率因数为 0.85～0.9，而在空载或轻载运行时的功率因数和效率都要降低，空载时功率因数只有 0.2～0.3，所以在选择电动机的容量时要防止容量选择过大，从而造成空载或轻载的情况。一般选择电动机的额定容量为拖动负载的 1.3 倍左右。

异步电动机要向电网吸收无功，而同步电动机则可向电网送出无功，所以对负荷率不大于 0.7 及最大负荷不大于 90％的绕线式异步电动机，必要时可使其同步化，从而提高功率因数。

②防止电动机空载运行。如果由于工艺要求，电动机在运行中必然要出现空载情况，则必须采取相应的措施解决。如装设空载自停装置，或降压运行（如将电机的定子绕组由三角形接线改为星形接线；或由自耦变压器、电抗器、调压器实现降压）等。

③保证电动机的检修质量。电动机的定转子间气隙的增大和定子线圈的减少都会使励磁电流增加，从而增加向电网吸收的无功量而使功率因数降低，因此检修时要严格保证电动机的结构参数和性能参数。

④合理选择变压器的容量。变压器轻载时功率因数会降低，但满载时有功损耗会增加。因此选择变压器的容量时要从经济运行和改善功率因数两方面来考虑，一般选择电力变压器在负荷率为 0.6 以上运行比较经济。

⑤交流接触器的节电运行。用户中存在着大量的电磁开关（交流接触器），其线圈是感性负载，消耗无功。由于交流接触器的数量较多、运行时间长，故他所消耗的无功不容忽视。因此可以用大功率晶闸管取代交流接触器，这样可大量减少电网的无功功率负担。晶闸管开关不需要无功功率，开关速度远比交流接触器快，且还具有无噪声，无火花，拖动可靠性强等优点。

如果不想用大功率晶闸管代替交流接触器，为了减少其功率消耗，可将交流接触器改为直流运行或使其无电压运行（即在交流接触器合闸后用机械锁扣装置自行锁扣，此时线圈断电不再消耗电能）。

（2）人工补偿功率因数。用户的功率因数光是靠提高自然功率因数一般是不能满足要求的，因此，还必须进行人工补偿。人工补偿的方法有以下几个。

①并联电容器人工补偿。即采用并联电力电容器的方法来补偿无功功率，从而提高功率因数。因其具有下列优点，所以这是目前用户、企业内广泛采用的一种补偿装置。

a. 有功损耗小，为 0.25％～0.5％，而同步调相机为 1.5％～3％。

b. 无旋转部分，运行维护方便。

c. 可按系统需要，增加或减少安装容量和改变安装地点。

d. 个别电容器损坏不影响整个装置运行。

e. 短路时，同步调相机增加短路电流，增大了用户开关的断流容量，电容器无此缺点。

该补偿方法也存在着一些缺点。如只能有级调节，而不能随无功变化进行平滑的自动调节，当通风不良及运行温度过高时易发生漏油、鼓肚、爆炸等故障。

②同步电动机补偿。在满足生产工艺的要求下，选用同步电动机，通过改变励磁电流来调节和改善供配电系统的功率因数。过去，由于同步电机的励磁机是同轴的直流电机，其价格高，维修麻烦，所以同步电动机应用不广。现在随着半导体变流技术的发展，励磁装置已比较成熟，因此采用同步电动机补偿是一种比较经济实用的方法。

同步电动机与异步电动机相比有不少优点：

a. 当电网频率稳定时，他的转速稳定；

b. 转矩仅和电压的一次方成正比，电压波动时，转矩波动比异步电动机小；

c. 便于制造低速电动机，可直接和生产机械连接，减少损耗；

d. 铁芯损耗小，同步电动机效率比异步电动机效率高。

③动态无功功率补偿。在现代工业生产中，有一些容量很大的冲击性负荷（如炼钢电炉、黄磷电炉、轧钢机等），他们使电网电压严重波动，功率因数恶化。一般并联电容器的自动切换装置响应太慢无法满足要求。因此必须采用大容量、高速的动态无功功率补偿装置，如晶闸管开关快速切换电容器，晶闸管励磁的快速响应式同步补偿机等。

目前已投入到工业运行的静止动态无功补偿装置有：可控饱和电抗器式静补装置；自饱和电抗器式静补装置；晶闸管控制电抗器式静补装置；晶闸管开关电容器式静补装置；强迫换流逆变式静补装置；高阻抗变压器式静补装置等。

## 12.3.2 并联电容器补偿

### 1. 并联电容器的型号

并联电容器的型号由文字和数字两部分组成，型号各部分所表示的意义如下：

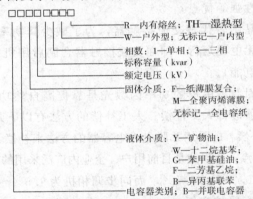

例如：BW0.4-12-1型即为单相户内型十二烷基苯浸渍的并联电容器，额定电压为0.4kV、额定容量为12kVAr。

### 2. 补偿容量和电容器台数的确定

用电容器改善功率因数，可以获得经济效益。但如果电容性负荷过大会引起电压升高，带来不良影响。所以在用电容器进行无功功率补偿时，应当选择电容器的安装容量。在设计中通常按下式计算：

$$Q_{cc} = P_{av}(\tan\varphi_{av1} - \tan\varphi_{av2}) \tag{12-2}$$

式中 $Q_{cc}$ 为补偿容量；$P_{av}$ 为平均有功负荷，$P_{av} = K_{aL}$；$P_c$ 或 $W_a/t$；$P_c$ 为有功计算负荷；$K_{aL}$ 为有功负荷系数；$W_a$ 为时间 $t$ 内消耗的电能；$\tan\varphi_{av1}$ 为补偿前平均功率因数角的正切值；$\tan\varphi_{av2}$ 为补偿后平均功率因数角的正切值；$\tan\varphi_{av1} - \tan\varphi_{av2}$ 称为补偿率，可用 $\Delta q_c$ 表示。

（1）采用固定补偿。在变电所 6kV～10kV 高压母线上进行人工补偿时，一般采用固定补偿，即补偿电容器不随负荷变化投入或切除，其补偿容量按下式计算：

$$Q_{cc} = P_c (\tan\varphi_1 - \tan\varphi_2) \tag{12-3}$$

（2）采用自动补偿。在变电所 0.38kV 母线上进行补偿时，都采用自动补偿，即根据 $\cos\varphi$ 测量值按功率因数设定值，自动投入或切除电容器。

在确定了并联电容器的容量后，根据产品目录就可以选择并联电容器的型号规格，并确定并联电容器的数量

对于由计算所得的数值，应取相近偏大的整数，如果是单相电容器，还应取为 3 的倍数，以便三相均衡分配，实际工程中，都选用成套电容器补偿柜（屏）。

### 3. 并联电容器的结线

并联补偿的电力电容器大多采用△形结线，对于低压（0.5kV 以下）并联电容器，因为大多是做成三相的，故其内部已接成△形。

对单相电容器，若电容器的额定电压与三相网络的额定电压相同，应将其接成三角形；若电容器的额定电压低于三相网络额定电压，应将其接成星形。

同样的电容器，按三角形结线时其补偿容量将是星形结线的 3 倍。这是并联电容器采用三角形结线的一个优点。另外电容器采用三角形结线时，任一电容器断线，三相线路仍得到无功补偿，而采用星形结线时，一相电容断线时，断线相将失去无功补偿。

当电容器采用三角形结线时，任一电容器击穿短路时，将造成三相线路的两相短路，短路电流很大，有可能引起电容器爆炸。这对高压电容器特别危险。如果电容器采用星形结线，情况就不同。如图 12-3 为电容器星形结线时，正常工作时 A 相电容器击穿短路时的电流分布情况。

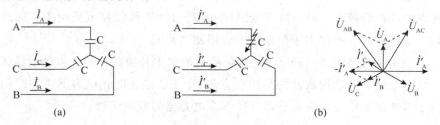

**图 12-3　三相线路中电容器星形结线时的电流分布**

（a）正常工作时的电流分布；（b）A 相电容器被击穿即短路时的电流分布和相量图

从图 12-3 中可以看出，正常工作时有

$$I_A = I_B = I_C = U_\varphi / X_C \tag{12-4}$$

当电容器采用星形结线时，在其中的一相电容器发生击穿短路时，其短路电流仅为正常工作电流的 3 倍，运行相对比较安全。所以 GB50053—94《10kV 及以下变电所设计规范》规定：高压电容器组宜接成中性点不接地星形，容量较小时（450kVAr 及以下）宜接成三角形。低压电容器组应接成三角形。

### 4. 并联电容器的装设地点

按并联电力电容器在用户供配电系统中的装设位置，并联电容器的补偿方式有三种，即高压集中补偿、低压集中补偿和单独就地补偿（个别补偿）。并联电容器在企业供配电系统中的装设位置和补偿效果如图 12-4 所示。

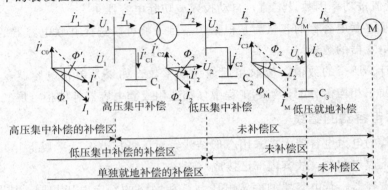

**图 12-4 并联电容器在企业供配电系统中的装设位置和补偿效果**

补偿方式的合理性主要从补偿范围的大小，补偿容量的利用率高低以及电容器的运行条件和维护管理的方便等来衡量。

（1）高压集中补偿。高压集中补偿是指将高压电容器组集中装设在总降变电所的 $6kV \sim 10kV$ 母线上。

该补偿方式只能补偿总降压变电所的 $6kV \sim 10kV$ 母线之前的供配电系统中由无功功率产生的影响，而对无功功率在企业内部的供配电系统中引起的损耗无法补偿，因此补偿范围最小，经济效果较后两种补偿方式差。但由于装设集中，运行条件较好，维护管理方便，投资较少。且总降压变电站 $6kV \sim 10kV$ 母线停电机会少，因此电容器利用率高。这种方式在一些大中型企业中应用相当普遍。

图 12-5 为接在变配电所 $6kV \sim 10kV$ 母线上的集中补偿的并联电容器的结线图。采用的是三角形结线，并选用成套的高压电容器柜。FU 是为防止电容器击穿时引起相间短路的高压熔断器保护。电压互感器 TV 作为电容器的放电装置。

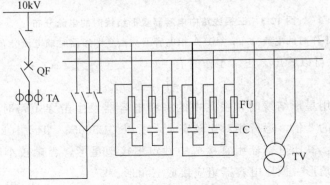

**图 12-5 高压集中补偿电容器组的结线**

电容器从电网上切除时会有残余电压，其值高达电网电压的峰值，对人身很危险。所以 GB50053—94 规定：电容器组应装设放电装置，使电容器两端的电压从峰值降到 50V 所需的时间，高压电容器不应大于 5min，低压电容器不应大于 1min。对高压电容器组，常利用电压互感器（如上图中的 TV）的一次绕组来放电。电容器组的放电回路中不得装设熔断器或开关，以确保可靠放电，保护人身安全。

（2）低压集中补偿。低压集中补偿是指将低压电容器集中装设在车间变电所或建筑物变电所的低压母线上。

该补偿方式只能补偿车间变电所或建筑物变电所低压母线前变电器和高压配电线路及电力系统的无功功率，对变电所低压母线后的设备则不起补偿作用。但其补偿范围比高压集中补偿要大，而且该补偿方式能使变压器的视在功率减小从而使变压器的容量可选得较小，因此比较经济。这种低压电容器补偿屏一般可安装在低压配电室内，运行维护安全方便。该补偿方式在用户中应用相当普遍。

如图 12-6 为低压集中补偿的电容器组的结线。电容器也采用三角形结线，和高压集中补偿不同的是放电装置为放电电阻或 220V、15～25W 的白炽灯的灯丝电阻。如果用白炽灯放电的话，白炽灯还可起指示电容器组是否正常运行的作用。

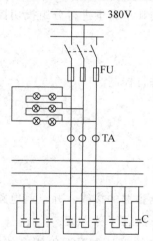

**图 12-6　低压集中补偿电容器组的结线**

（3）单独就地补偿。单独就地补偿（个别补偿或分散补偿）是指在个别功率因数较低的设备旁边装设补偿电容器组。

该补偿方式能补偿安装部位以前的所有设备，因此补偿范围最大，效果最好。但投资较大，而且如果被补偿的设备停止运行的话，电容器组也被切除，电容器的利用率较低。而且存在小容量电容器的单位价格、电容器易受到机械震动及其他环境条件影响等缺点。所以这种补偿方式适用于长期稳定运行，无功功率需要较大，或距电源较远，不便于实现其他补偿的场合。

如图 12-7 为直接接在感应电动机旁的单独就地补偿的低压电容器组的结线。其放电装置通常为用电设备本身的绕组电阻。

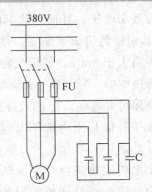

**图 12-7　感应电动机旁就地补偿的低压电容器组的结线**

在供电设计中，实际上采用的是这些补偿方式的综合，以求经济合理得地提高功率因数。

### 5. 并联电容器的控制方式

并联电容器的控制方式是控制并联电容器的投切，有固定控制方式自动控制方式两种。固定控制方式是并联电容器不随负荷变化投入或切除。自动控制方式是并联电容器的投切随着负荷的变化，按某个参量进行分组投切控制的有以下几种。

（1）按功率因数进行控制。

（2）按负荷电流进行控制。

（3）按受电端的无功功率进行控制。

## 12.4　项目实施

### 1. 讨论并确定实施方案

任务：进行低压集中补偿电容器的接线，并绘制电路图。

（1）组织学生分组讨论，形成若干种方案。

（2）各组代表发言表述该组的设计方案，组织全体学生共同探讨该组方案的可行性、可靠性、经济性。

（3）点评各组方案的优缺点，解决该项目。

（4）帮助学生理解补偿柜工作原理。

（5）帮助学生理解补偿柜的接线、安装、调试、运行、维护、保养。

（6）各组根据讨论结果进行修正方案。

（7）绘出主接线图，给出方法。

### 2. 方案实施过程

（1）依据自己的方案绘制补偿柜电气控制的电路图、主接线图。

（2）选择补偿柜电气控制电路控制元件，并会使用、维修。

（3）补偿柜电气控制的接线、安装、调试、运行、维护、保养。

### 3. 项目完成效果评价

（1）组织全体学生共同分享各组项目成果。

（2）选择观测点：看是否完成项目功能要求，查找原因。

（3）对方案的合理性、可靠性进行评价。

（4）抛出教师方案，引导学生进一步理解解决该方案的方法和技巧，让其再次修正自己的方案。

# 12.5 知识拓展

电力电容器是用于电力系统和电工设备的电容器。任意两块金属导体，中间用绝缘介质隔开，即构成一个电容器。电容器电容的大小，由其几何尺寸和两极板间绝缘介质的特性来决定。当电容器在交流电压下使用时，常以其无功功率表示电容器的容量，单位为乏或千乏。

## 12.5.1 电力电容器使用注意事项

电力电容器使用注意事项如下。

（1）安装电容器时，每台电容器的接线最好采用单独的软线与母线相连，不要采用硬母线连接，以防止装配应力造成电容器套管损坏，破坏密封而引起的漏油。

（2）电容器回路中的任何不良接触，均可能引起高频振荡电弧，使电容器的工作电场强度增大和发热而早期损坏。因此，安装时必须保持电气回路和接地部分的接触良好。

（3）较低电压等级的电容器经串联后运行于较高电压等级网络中时，其各台的外壳对地之间，应通过加装相当于运行电压等级的绝缘子等措施，使之可靠绝缘。

（4）电容器经星形连接后，用于高一级额定电压，且系中性点不接地时，电容器的外壳应对地绝缘。

（5）电容器安装之前，要分配一次电容量，使其相间平衡，偏差不超过总容量的5％。当装有继电保护装置时还应满足运行时平衡电流误差不超过继电保护动作电流的要求。

（6）对个别补偿电容器的接线应做到：对直接启动或经变阻器启动的感应电动机，其提高功率因数的电容可以直接与电动机的出线端子相连接，两者之间不要装设开关设备或熔断器；对采用星—三角启动器启动的感应式电动机，最好采用三台单相电容器，每台电容器直接并联在每相绕组的两个端子上，使电容器的接线总是和绕组的接法相一致。

（7）对分组补偿低压电容器，应该连接在低压分组母线电源开关的外侧，以防止分组母线开关断开时产生的自激磁现象。

（8）集中补偿的低压电容器组，应专设开关并装在线路总开关的外侧，而不要装在低压母线上。

## 12.5.2　电力电容器操作规程

（1）高压电容器组外露的导电部分，应有网状遮拦，进行外部巡视时，禁止将运行中电容器组的遮拦打开。

（2）任何额定电压的电容器组，禁止带电荷合闸，每次断开后重新合闸，须在短路三分钟后（即经过放电后少许时间）方可进行。

（3）更换电容器的保险丝，应在电容器没有电压时进行。故进行前，应对电容器放电。

（4）电容器组的检修工作应在全部停电时进行，先断开电源，将电容器放电接地后，才能进行工作。高压电容器应根据工作票，低压电容器可根据口头或电话命令。但应作好书面记录。

## ⚡ 项目小结

本项目主要讲述了补偿柜电气控制分析、接线、安装、调试、运行、维护、保养。通过本项目的学习，应掌握补偿柜的接线，对一般现场故障会查找并排除；会应用所学知识分析其控制线路，根据控制要求设计电气控制线路，并会安装与调试；掌握补偿柜的操作及维修。

## ⚡ 项目练习

（1）补偿柜的作用是什么？

（2）企业常用的力率补偿方式是什么？

（3）三相力率补偿电容如何接？

（4）检修补偿柜的注意事项有哪些？

（5）功率因数合理数据是多少？

# 项目 13 低压负荷柜

## 知识目标

☞掌握低压负荷柜的接线，对一般现场故障会查找并排除；

☞会应用所学知识分析其控制线路，根据控制要求设计电气控制线路，并会安装与调试；

☞掌握低负荷柜的操作及维修。

## 技能目标

☞训练学生的安全意识，培养学生的团队合作能力、组织管理能力、创新能力；

☞有效地处理日常生活中的各种需要和挑战的能力，并且在与他人、社会和环境的相互关系中表现出适应和积极的行为的能力。

# 13.1 项目导入

本项目通过图 13-1 和图 13-2 介绍了低压负荷柜的外观、结构、组成、主接线、控制电路接线。

## 13.1.1 低压负荷柜结构

低压负荷柜结构，如图 13-1 所示。

**图 13-1 低压负荷柜外观图**

## 13.1.2 低压负荷柜接线

低压负荷柜接线如图 13-2 所示。

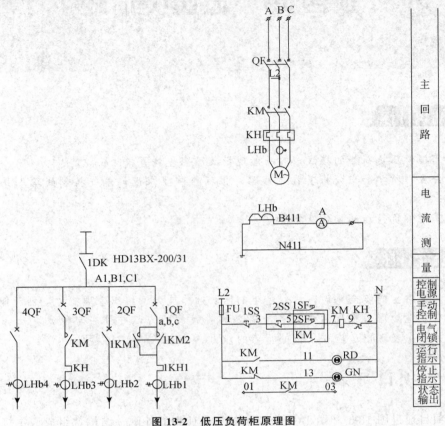

**图 13-2　低压负荷柜原理图**

# 13.2　项目分析

　　图 13-1 说明低压负荷柜的主要元件为低压断路器；图 12-2 为低压负荷柜主接线、控制电路接线，显示了低压负荷柜的接线原理；其作用是向各分支回路分配电能。

　　本项目涉及的有低压负荷柜的接线方式、使用、接线、维护保养及操作等。

# 13.3　知识链接

　　本项目内容中元器件内容在前面多个项目中已经讲解，这里不再赘述，仅讲述部分前面未涉及到的内容。

　　低压配电柜的额定电流是交流 50Hz，额定电压 380V 的配电系统作为动力、照明及配电的电能转换及控制之用。一个或多个低压开关设备和与之相关的控制、测量、信号、保护、调节等设备，由制造厂家负责完成所有内部的电气和机械的连接，用结构部件完整地组装在一起的一种组合体。

### 13.3.1  低压配电柜的基本结构

（1）母线室包括水平母线室与垂直母线室。

（2）功能单元室（开关隔室）。

（3）电缆出线室：包括电缆室。

（4）二次设备室。

### 13.3.2  低压配电柜的保养的内容及步骤

（1）检修时应从变压器低压侧开始。配电柜断电后，清洁柜中灰尘，检查母线及引下线连接是否良好，接头点有无发热变色，检查电缆头、接线桩头是否牢固可靠，检查接地线有无锈蚀，接线桩头是否紧固。所有二次回路接线连接可靠，绝缘符合要求。

（2）检查抽屉式开关时，抽屉式开关柜在推入或拉出时应灵活，机械闭锁可靠。检查抽屉柜上的自动空气开关操作机构是否到位，接线螺丝是否紧固。清除接触器触头表面及四周的污物，检查接触器触头接触是否完好，如触头接触不良，必要时可稍微修锉触头表面，如触头严重烧蚀（触头点磨损至原厚度的 1/3）即应更换触头。电源指示仪表、指示灯完好。

（3）检修电容柜时，应先断开电容柜总开关，用 $10\text{mm}^2$ 以上的一根导线逐个把电容器对地进行放电后，外观检查壳体良好，无渗漏油现象，若电容器外壳膨胀，应及时处理，更换放电装置、控制电路的接线螺丝及接地装置。合闸后进行指示部分及自动补偿部分的调试。

（4）受电柜及联络柜中的断路器检修：先断开所有负荷后，用手柄摇出断路器。重新紧固接线螺丝，检查刀口的弹力是否符合规定。灭弧栅有否破裂或损坏，手动调试机械联锁分合闸是否准确，检查触头接触是否良好，必要时修锉触头表面，检查内部弹簧、垫片、螺丝有无松动、变形和脱落。

### 13.3.3  变电柜的检修

（1）操作前应按下列步骤进行：逐个断开低压侧的负荷，断开高压侧的断路器，合上接地开关，并锁好高压开关柜，并在开关柜把手上挂上"禁止合闸，有人工作"的标志牌，然后用 $10\text{mm}^2$ 以上导线短接母排并挂接地线，紧固母排螺丝。

（2）检修操作步骤：母排接触处重新擦净，并涂上电力复合脂，用新弹簧垫片螺丝加以紧固，检查母排间的绝缘子、间距连接处有无异常，检查电流、电压、互感器的二次绕组接线端子连接的可靠性。

（3）送电前的检查测试：拆除所有接地线、短接线，检查工作现场是否遗留工具，确定无误后，合上隔离开关，断开高压侧接地开关，合上运行变压器高压侧断路器，取下标志牌，向变压器送电，然后再合上低压侧受电柜的断路器，向母排送电，最后合上有关联络柜和各支路自动空气开关。

### 13.3.4 变电柜检修的注意事项

（1）检修过程中必须设专人监护。

（2）工作前必须验电。

（3）检修人员应对整个配电柜的电气机械联锁情况熟悉并操作。

（4）检修中应详细了解哪些线路是双线供电。

（5）检修母排时，应对线路中的残余电荷进行充分放电。

### 13.3.5 变电柜的检验过程

低压配电柜检验过程分为以下两部分。

（1）结构部分检验，即为箱体尺寸检验，如果是标准柜体抽检就可以了。

（2）电气检验，电气方面首先要根据技术图纸核对元器件型号，校验搭接点力矩，并做标识（这项工作很费力，要 100％检查），同时注意爬电距离，及相间距离是否符合标准，接线是否符合公司的工艺要求等。然后检查主回路、控制回路是否正确，回路主要用万用表量线。最后是上电测试电气功能是否符合图纸要求，合格与否都要出具检验报告，合格的贴签发货，不合格的返回整改。

### 13.3.6 变电柜的布线

（1）选址。为了保证低压配电柜的正常、安全运行，低压配电室的位置应靠近负荷中心，安放的地方不要有灰尘，腐蚀的介质等，否则应该及时清理，为了保证安全，环境最好较为干燥，安置地尽量不会有振动。

（2）配电设备的布置。低压配电室配电设备的必须在安全、可靠、适用和经济等前提下布置，还要便于安装、操作、搬运、检修、试验和监测。位于同一室内的高低压电气设备间、成排布置的配电柜间都必须留有适当的距离和通道的出口。布置配电设备时应采取必要的安全措施，如有危险电位的裸带电体应加遮护或置于人的伸臂范围之外。当采用遮护物和外罩有困难时，可采用阻挡物进行保护。

（3）配电线路的布置应符合的条件。符合安放地点的环境特征、符合建筑物的特征、考虑人与线之间的距离应该适中、考虑由于短路可能出现的机电应力、考虑在安装和使用的过程中布线可能遭受的其他应力和导线的重量。

（4）配电线路的布置哪些因素会影响使用。防止外部热量影响使用、防止进水而影响使用、防止外部的机械性损害影响使用、防止布线上落灰影响使用、防止强辐射影响使用。

### 13.3.7 常见的低压开关柜

#### 1. GGD型交流低压配电柜

GGD型交流低压配电柜适用于变电站，发电厂，厂矿企业等电力用户的交流 50Hz，额定工作电压 380V，额定工作电流 1000～3150A 的配电系统，作为动力，照明及发配电设备的电能转换，分配与控制之用。GGD型交流低压配电柜如图 13-3 所示。

**图 13-3　GGD 型交流低压配电柜**

### 2. GCK 低压抽出式开关柜

GCK 低压抽出式开关柜（以下简称开关柜）由动力配电中心（PC）柜和电动机控制中心（MCC）两部分组成。该装置适用于交流 50（60）Hz，额定工作电压小于等于 660V，额定电流 4000A 及以下的控配电系统，可作为动力配电、电动机控制及照明等配电设备。GCK 低压抽出式开关柜如图 13-4 所示。

**图 13-4　GCK 低压抽出式开关柜**

### 3. MNS 低压抽出式开关柜

GCS 型低压抽出式开关柜使用于三相交流频率为 50Hz，额定工作电压为 400V（690V），额定电流为 4000A 及以下的发电系统、供电系统中。作为动力、配电和电动机集中控制、电容补偿之用。其广泛应用于发电厂、石油、化工、冶金、纺织、高层建筑等场所，也可用在大型发电厂、石化系统等自动化程度高、要求与计算机接口的场所。MNS 低压抽出式开关柜如图 13-5 所示。

**图 13-5　MNS 低压抽出式开关柜**

## 13.4 项目实施

### 1. 讨论并确定实施方案

任务：进行低压负荷柜的接线，并绘制工作原理图。

（1）组织学生分组讨论，形成若干种方案。

（2）各组代表发言表述该组的设计方案，组织全体学生共同探讨该组方案的可行性、可靠性、经济性。

（3）点评各组方案的优缺点，解决该项目。

（4）帮助学生理解低压负荷柜工作原理。

（5）帮助学生理解低压负荷柜电气控制的接线、安装、调试、运行、维护、保养。

（6）各组根据讨论结果进行修正方案。

（7）绘出主接线图，给出方法。

### 2. 方案实施过程

（1）依据自己的方案绘制低压负荷柜电气控制的电路图、主接线图。

（2）选择低压负荷柜电气控制电路控制元件，并会使用、维修。

（3）低压负荷柜电气控制的接线、安装、调试、运行、维护、保养。

### 3. 项目完成效果评价

（1）组织全体学生共同分享各组项目成果。

（2）选择观测点：看是否完成项目功能要求，查找原因。

（3）对方案的合理性、可靠性进行评价。

（4）抛出教师方案，引导学生进一步理解解决该方案的方法和技巧，让其再次修正自己的方案。

# 13.5 知识拓展

## 13.5.1 电气间隙

不同点位的两导电部件间的空间直线距离，如图 13-6 所示。

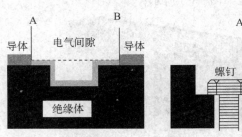

图 13-6 电气间隙示意图

### 13.5.2　爬电距离

不同点位的两个导电部件之间沿绝缘材料表面的最短距离，即在不同的使用情况下，由于导体周围的绝缘材料被电极化，导致绝缘材料呈现带电现象，此带电区（导体为圆形时，带电区为环形）的半径，即为爬电距离，如图 13-7 所示。

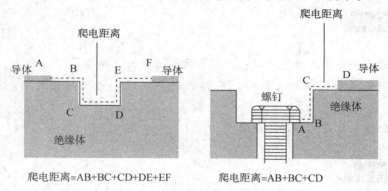

图 13-7　爬电距离示意图

⚡ **项目小结**

本项目主要讲述了低压负荷柜电气控制分析、接线、安装、调试、运行、维护、保养。通过本项目的学习，应掌握低压负荷柜的接线，对一般现场故障会查找并排除；会应用所学知识分析其控制线路，根据控制要求设计电气控制线路，并会安装与调试；掌握低负荷柜的操作及维修。

⚡ **项目练习**

(1) 低压负荷柜的作用有哪些？

(2) 低压负荷柜如何操作？

(3) 低压负荷柜的保护有那些？

(4) 低压母线常采用什么形状的母线？

(5) 低压负荷柜根据什么原理分配线路负荷？

# 项目 14  防雷和接地

### ⚡ 知识目标

☞掌握防雷和接地的接线，对一般现场故障会查找并排除；

☞会应用所学知识分析其线路，根据控制要求设计电气控制线路，并会安装与调试；

☞掌握防雷和接地的设计及维修。

### ⚡ 技能目标

☞训练学生的安全意识，培养学生的团队合作能力、组织管理能力、创新能力；

☞有效地处理日常生活中的各种需要和挑战的能力，并且在与他人、社会和环境的相互关系中表现出适应和积极的行为的能力。

## 14.1  项目导入

本项目通过图 14-1 和图 14-2 介绍了防雷和接地的结构、组成、接线、安装、使用。

### 14.1.1  防雷和接地结构

防雷和接地结构如图 14-1 所示。

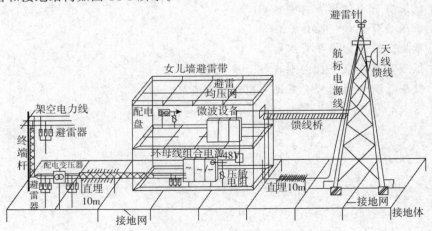

图 14-1  防雷和接地外观图

### 14.1.2　防雷和接地接线

防雷和接地接线如图 14-2 所示.

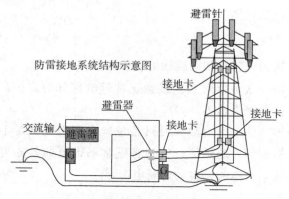

**图 14-2　防雷和接地原理图**

# 14.2　项目分析

图 14-1 为一个变电站的接地、防雷结构情况避雷针、引下线、接地体；图 14-2 为接地装置的防雷和接地原理为避雷针通过引下线与接地体相连；接地的功能是保证设备和人身的安全，防雷的功能是保证设备和人身不受雷电侵害。

本项目涉及的有接地线的安装、使用、接线、维护保养及操作等。

# 14.3　知识链接

### 14.3.1　电气安全、防雷和接地

供配电系统进行正常运行，首先必须要保证其安全性，防雷和接地是电气安全的主要措施。故掌握电气安全、防雷和接地的知识和理论非常重要。人体也是导体，当人体不同部位接触不同电位时，就有电流流过人体，这就是触电。

**1. 触电的危害**

触电事故可分为"电击"与"电伤"两类。电击是指电流通过人体内部，破坏人的心脏、呼吸系统与神经系统，重则危及生命；电伤是指由电流的热效应、化学效应或机械效应对人体造成的伤害，它可伤及人体内部，甚至骨骼，还会在人体体表留下诸如电流印、电纹等触电伤痕。

触电事故引起死亡大都是由于电流刺激人体心脏，引起心室的纤维性颤动、停搏和电流引起呼吸中枢麻痹，导致呼吸停止而造成的。

安全电流是指人体触电后最大的摆脱电流。我国规定为 30mA（50Hz 交流），触电

时间按不超过 1s 计，即 $30mA \cdot s$。

电流对人体的危害程度与触电时间、电流的大小和性质以及电流在人体中的路径有关，触电时间越长，电流越大，频率接近工作频率，电流流过心脏最为危险。此外，还与人的体重、健康状况有关。

### 2. 触电的防护

触电的防护有直接触电防护和间接触电防护两种。

（1）直接触电防护。这是指对直接接触正常带电部分的防护，例如对带电体加隔离栅栏或加保护罩，使用绝缘物等。

（2）间接触电防护。这是指对故障时可带危险电压而正常时不带电的外露可导电部分（如金属外壳、框架等）的防护，例如将正常不带电的外露可导电部分接地，并装设接地故障保护装置，故障时可自动切断电源。

### 3. 静电防护

常见的防静电设施如图 14-3 所示。

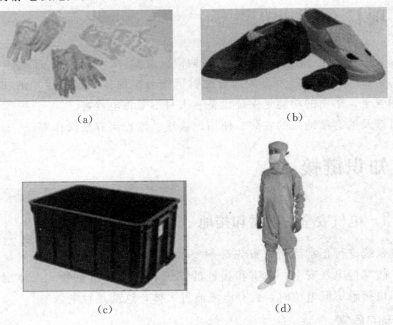

（a）                （b）

（c）                （d）

图 14-3　常见的防静电设施

（a）防静电手套；（b）防静电鞋；（c）防静电工具箱；（d）防静电服装

## 14.3.2　过电压和防雷

### 1. 过电压的种类

过电压是指在电气设备或线路上出现的超过正常工作要求并对其绝缘构成威胁的电压。过电压按产生原因可分为内部过电压和雷电过电压。

（1）内部过电压。内部过电压是由于电力系统正常操作、事故切换、发生故障或负荷骤变时引起的过电压，可分为操作过电压、弧光接地过电压及谐振过电压。

内部过电压的能量来自于电力系统本身，经验证明，内部过电压一般不超过系统正常运行时额定相电压的 3～4 倍，对电力线路和电气设备绝缘的威胁不是很大。

（2）雷电过电压。雷电过电压亦称外部过电压或大气过电压，他是由于电力系统中的设备或建筑物遭受来自大气中的雷击或雷电感应而引起的过电压。

雷电冲击波的电压幅值可高达 1 亿伏，其电流幅值可高达几十万安，对电力系统的危害远远超过内部过电压。其可能毁坏电气设备和线路的绝缘，烧断线路，造成大面积长时间停电。因此，必须采取有效措施加以防护。

### 2. 雷电的形成

雷电是大气中的放电现象。有关雷电形成过程的学说较多，随着高电压技术及快速摄影技术的发展，雷电现象的科学研究取得了很大进步。常见的一种说法是：在闷热、潮湿、无风的天气里，接近地面的湿气受热上升，遇到冷空气凝成冰晶。冰晶受到上升气流的冲击而破碎分裂，气流挟带一部分带正电的小冰晶上升，形成"正雷云"，而另一部分较大的带负电的冰晶则下降，形成"负雷云"，随着电荷的积累，雷云电位逐渐升高。

由于高空气流的流动，正、负雷云均在空中飘浮不定，当带不同电荷的雷云相互接近到一定程度时，就会产生强烈的放电，放电时瞬间出现耀眼的闪光和震耳的轰鸣，这种现象就叫雷电。

### 3. 雷电过电压的种类

雷电可分为直击雷与感应雷两大类。

（1）直击雷过电压。当雷电直接击中电气设备、线路或建筑物时，强大的雷电流通过其流入大地，在被击物上产生较高的电位降，称直击雷过电压。

有时雷云很低，周围又没有带异性电荷的雷云，这样有可能在地面凸出物上感应出异性电荷，在雷云与大地之间形成很大的雷电场。当雷云与大地之间在某一方位的电场强度达到 25～30kV/cm 时就开始放电，这就是直击雷，如图 14-4 所示。据观测，在地面上产生雷击的雷云多为负雷云。

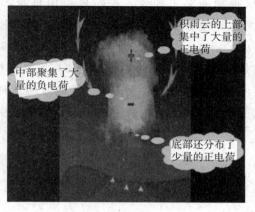

图 14-4　直击雷示意图

（2）感应雷过电压。当雷云在架空线路上方时，使架空线路感应出异性电荷。雷云对其他物体放电后，架空线路上的电荷被释放，形成自由电荷流向线路两端，产生电位很高的过电压，称感应雷过电压，如图 14-5 所示。架空线路上的感应过电压可达几万甚至几十万伏，对供电系统的危害很大。

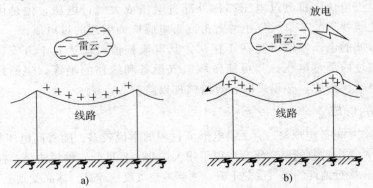

图 14-5　架空线路上的感应雷过电压

### 3. 雷电侵入波

由于直击雷或感应雷而产生的高电压雷电波，沿架空线路或金属管道侵入变配电所或用户，称雷电侵入波。这种雷电波侵入造成的危害占雷害总数的一半以上。

### 14.3.3　防雷设备

一个完整的防雷设备由接闪器或避雷器、引下线和接地装置三部分组成。

### 1. 接闪器

接闪器是用来接受直接雷击的金属物体。接闪的金属杆称为避雷针，主要用于保护露天变配电设备及建筑物；接闪的金属线称避雷线或架空地线，主要用于保护输电线路；接闪的金属带、金属网称避雷带、避雷网，主要用于保护建筑物。这都是利用其高出被保护物的突出地位，把雷电引向自身，然后通过引下线和接地装置把雷电流泄入大地，使被保护的线路、设备、建筑物免受雷击。因此，接闪器的实质是引雷。

避雷针的功能实质是引雷作用。由于避雷针安装高度高于被保护物，因此当雷电先导临近地面时，它能使雷电场畸变，改变雷电先导的通道方向，吸引到避雷针本身，然后经与避雷针相连的引下线和接地装置将雷电流泄放到大地中去。如图 14-6 所示为避雷针的形状。

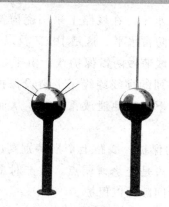

**图 14-6　PCD 避雷针的形状**

避雷针能否对被保护物进行保护，被保护物是否在其有效的保护范围内是很重要的。避雷针的保护范围，以其能防护直击雷的空间来表示，按新颁国家标准采用"滚球法"来确定。

对于比较大的保护范围，采用单支避雷针，由于保护范围并不随避雷针的高度成正比增大，所以将大大增大避雷针的高度，以至安装困难，投资增大，在这种情况下，采用双支避雷针或多支避雷针比较经济，这里不再讲述。

**2. 避雷引下线**

避雷引下线是将避雷针接收的雷电流引向接地装置的导体，按照材料可以分为：镀锌接地引下线和镀铜接地引下线、铜材引下线（此引下线成本高，一般不采用）、超绝缘引下线。

**3. 接地装置**

接地是防雷的基础。标准规定的接地方法是采用金属型材铺设水平或垂直地极，在腐蚀强烈的地区可以采用镀锌和加大金属型材的截面积的方法抗腐，也可以采用非金属导体做地极，如石墨地极和硅酸盐水泥地极。更合理的方法是利用现代建筑的基础钢筋做地极，由于过去对防雷认识的局限性，片面强调降低接地电阻的重要性，导致一些厂家推出各种接地产品，声称能降低地电阻。如降阻剂、高分子地极、非金属地极等。

接地电阻主要受土壤电阻率和地极与土壤接触电阻有关，在构成地网时与形状和地极数量也有关系，降阻剂和各种接地极无非是改善地极与土壤的接触电阻或接触面积。但土壤电阻率起决定作用，其他的都较易改变，如果土壤电阻率太高就只有工程浩大的换土或改良土壤的方法才能有效，其他方法都难以凑效。

## 14.3.4　防雷保护

**1. 架空线路的防雷保护**

（1）架设避雷线。这是线路防雷的最有效措施，但成本很高，只有 66kV 及以上线路才沿全线装设。

（2）提高线路本身的绝缘水平。在线路上采用瓷横担代替铁横担，改用高一绝缘等级的瓷瓶都可以提高线路的防雷水平，这是 10kV 及以下架空线路的基本防雷措施。

（3）利用三角形排列的顶线兼做防雷保护线。由于 3～10kV 线路其中性点通常是不接地的，因此如在三角形排列的顶线绝缘子上装设保护间隙，在雷击时顶线承受雷击，保护间隙被击穿，通过引下线对地泄放雷电流，从而保护了下面两根导线，一般不会引起线路断路器跳闸。

（4）加强对绝缘薄弱点的保护。线路上个别特别高的电杆、跨越杆、分支杆、电缆头、开关等处，就全线路来说是绝缘薄弱点，雷击时最容易发生短路。在这些薄弱点，需装设管型避雷器或保护间隙加以保护。

（5）采用自动重合闸装置。遭受雷击时，线路发生相间短路是难免的，在断路器跳闸后，电弧自行熄灭，经过 0.5s 或稍长一点时间后又自动合上，电弧一般不会复燃，可恢复供电，停电时间很短，对一般用户影响不大。

（6）绝缘子铁脚接地。对于分布广密的用户低压线路及接户线的绝缘子铁脚宜接地，当其上落雷时，就能通过绝缘子铁脚放电，把雷电流泄入大地而起到保护作用。

### 2. 变配电所的防雷保护

（1）防直击雷。装设避雷针以保护整个变配电所建（构）筑物免遭直击雷。避雷针可以单独立杆，也可利用户外配电装置的构架。当雷击避雷针时，强大的雷电流通过引下线和接地装置泄入大地，避雷针及引下线上的高电位可能对附近的建筑物和变配电设备发生"反击闪络"。为防止"反击"事故的发生，应注意下列规定与要求：

①立避雷针与被保护物之间应保持一定的空间距离 $S_o$。此距离与建筑物的防雷等级有关，但通常应满足 $S_o \geq 5\text{m}$。

②立避雷针应装设独立的接地装置，其接地体与被保护物的接地体之间也应保持一定的地中距离 $S_E$，如图 14-7 所示，通常应满足 $S_E \geq 3\text{m}$。

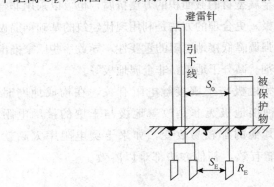

$S_o$-空气中间距；$S_E$-地中间距

**图 14-7　避雷针接地装置与被保护物及其接地装置的距离**

③独立避雷针及其接地装置不应设在人员经常出入的地方。其与建筑物的出入口及人行道的距离不应小于 3m，以限制跨步电压。否则应采取下列措施之一：水平接地

体局部埋深不小于 1m；水平接地体局部包以绝缘物，如涂厚 50～80mm 的沥青层；采用沥青碎石路面，或在接地装置上面敷设 50～80mm 厚的沥青层，其宽度要超过接地装置 2m；采用"帽檐式"均压带。

（2）进线防雷保护。35kV 电力线路一般不采用全线装设避雷线来防直击雷，但为防止变电所附近线路上受到雷击时雷电压沿线路侵入变电所内损坏设备，需在进线 1～2km 段内装设避雷线，使该段线路免遭直接雷击。为使避雷线保护段以外的线路受雷击时侵入变电所内的过电压有所限制，一般可在避雷线两端处的线路上装设管型避雷器。进线段防雷保护接线方式如图 14-8 所示。当保护段以外线路受雷击时，雷电波到阀型避雷器 $F_1$ 处，即对地放电，降低了雷电过电压值。管型避雷器 $F_2$ 的作用是防止雷电侵入波在断开的断路器处产生过电压击坏断路器。

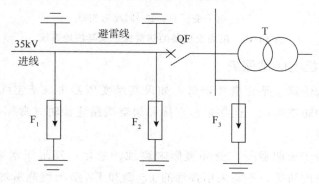

$F_1$、$F_2$-管型避雷器；$F_3$-阀型避雷器

**图 14-8　变电所 35kV 进线防雷保护接线**

3～10kV 配电线路的进线防雷保护，可以在每路进线终端，装设 FZ 型或 FS 型阀型避雷器，以保护线路断路器及隔离开关，如图 14-9 所示。如果进线是电缆引入的架空线路，则在架空线路终端靠近电缆头处装设避雷器，其接地端与电缆头外壳相连后接地。

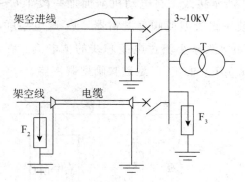

$F_1$、$F_2$—管型避雷器　　$F_3$—阀型避雷器

**图 14-9　3～10kV 变配电所进线防雷保护接线**

（3）配电装置防雷保护。为防止雷电冲击波沿高压线路侵入变电所，对所内设备造成危害，特别是价值最高但绝缘相对薄弱的电力变压器，在变配电所每段母线上装设一组阀型

避雷器，并应尽量靠近变压器，距离一般不应大于 5m。如图 14-10 中的 F₃ 所示。避雷器的接地线应与变压器低压侧接地中性点及金属外壳连在一起接地，如图 14-10 所示。

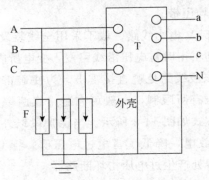

T—电力变压器；F—阀型避雷器

**图 14-10　电力变压器的防雷保护及其接地系统**

### 3. 高压电动机的防雷保护

高压电动机的绝缘水平比变压器低，如果其经变压器再与架空线路相接时，一般不要求采取特殊的防雷措施。但如果是直接和架空线路连接时（常称直配线电机），其防雷问题尤为重要。

高压电动机由于长期运行，受环境影响腐蚀、老化，其耐压水平会进一步降低，因此对雷电侵入波的防护，不能采用普通的 FS 型和 FZ 型阀型避雷器，而应采用性能较好的专用于保护旋转电机的 FCD 型磁吹阀型避雷器或采用具有串联间隙的金属氧化物避雷器，并尽可能靠近电动机安装。

对于定子绕组中性点能引出的高压电动机，就在中性点装设避雷器。

对于定子绕组中性点不能引出的高压电动机，为降低侵入电机的雷电波陡度，减轻危害，可采用图 14-11 所示接线，在电动机前面加一段 $100\sim150\text{m}$ 的引入电缆，并在电缆前的电缆头处安装一组管型或阀型避雷器。$F_1$ 与电缆联合作用，利用雷电流将 $F_1$ 击穿后的集肤效应，可大大减小流过电缆芯线的雷电流。在电动机电源端安装一组并联有电容器（$0.25\sim0.5\mu\text{F}$）的 FCD 型磁吹阀型避雷器。

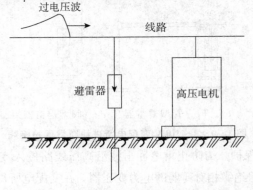

**图 14-11　高压电动机的防雷保护结线**

### 4. 建筑物的防雷保护

（1）建筑物防雷分类及防雷要求。各种建筑物中，根据其重要性、使用性质、发生雷电事故的概率和后果，按对防雷的要求不同分成三类。

①凡在存放爆炸物品或正常情况下能形成爆炸性混合物，因电火花而会发生爆炸，致使房屋毁坏和造成人身伤亡者属第一类防雷建筑。应有防直接雷、感应雷和雷电侵入波措施。

②制造、使用或储存爆炸物质的建筑物，但电火花不易引起爆炸或不致引起巨大破坏或人身事故，或国家级重要建筑物，属第二类防雷建筑。应有防直接雷和雷电侵入波措施，有爆炸危险的也应有防感应雷措施。

③不属第一、二类建筑物但需实施防雷保护者，如住宅、办公楼、高度在15m以上的烟囱、水塔等孤立高耸的建筑物属于第三类建筑物。应有防直接雷和雷电侵入波措施。

（2）建筑物防雷措施。

①防直击雷：第一、二类建筑物装设独立避雷针或架空避雷线（网），使被保护的建筑物及风帽、放散管等突出屋面的物体均处于接闪器的保护范围内。

第三类建筑物宜采用装设在建筑物上的避雷针或避雷带或其混合的接闪器；引下线不应少于两根；建筑物宜利用钢筋混凝土屋面板、梁、柱和基础钢筋作为接闪器、引下线和接地装置。砖烟囱、钢筋混凝土烟囱，宜在烟囱上装设避雷针或避雷环保护。这类建筑物为防止直击雷可在建筑物最易遭受雷击的部位装设避雷带或避雷针，进行重点防护。若为钢筋混凝土屋面，则可利用其钢筋作为防雷装置；为防止过电压沿线侵入，可在进户线上安装保护间隙或将其绝缘子铁脚接地。

②防感应雷：对非金属屋面应敷设避雷网，室内一切金属管道和设备，均应良好接地并且不得有开口环路，以防止感应过电压。

③防雷电侵入波：低压线路采用全电缆直接埋地敷设；架空线路采用电缆入户，电缆金属外皮与电气设备接地相连；对低压架空进出线，在进出处装设避雷器。架空金属管道、埋地或地沟内的金属管道，在进出建筑物处，应与防雷接地装置相连。

经观测和研究发现，建筑物容易遭受雷击的部位与屋顶的坡度有关：

平屋顶或坡度不大于1/10的屋顶，易受雷击的部位为檐角、女儿墙、屋檐，分别如图14-12（a）和图14-12（b）。

平屋顶或坡度大于1/10而小于1/2的屋顶，易受雷击的部位为屋角、屋脊、檐角、屋檐，如图14-12（c）所示。

平屋顶或坡度大于或等于1/2的屋顶，易受雷击的部位为屋角、屋脊、檐角，如图14-12（d）所示。

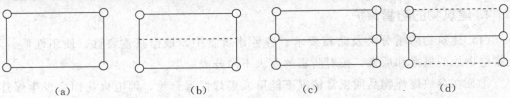

〇雷击机率最高部位；·······易受雷击部位；——不易受雷击部位

**图 14-12　建筑物易受雷击部位**

（a）坡度为 0；（b）坡度≤1/10；（c）1/10＜坡度＜1/2；（d）坡度≥1/2

## 14.3.5　电气装置的接地

### 1. 接地和接地装置

电气设备的某部份与大地之间做良好的电气连接称接地。埋入地中并直接与土壤相接触的金属导体，称接地体或接地极。如埋地的钢管、角铁等。电气设备应接地部分与接地体（极）相连接的金属导体（线）称为接地线。接地线在设备正常运行情况下是不载流的，但在故障情况下要通过接地故障电流。接地体与接地线总称接地装置。由若干接地体在大地中用接地

线相互连接起来的一个整体，称为接地网。其中接地线又分接地干线和接地支线，如图 14-13 所示。接地干线一般应采用不少于两根导体，在不同地点与接地网连接。

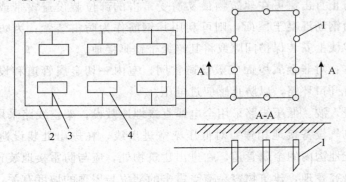

**图 14-13　接地网示意图**

1—接地体；2—接地干线；3—接地支线；4—设备

### 2. 接地电流和对地电压

电气设备发生接地故障时，电流经接地装置流入大地并作半球形散开，这一电流称接地电流，如图 14-14 中的 $I_E$。由于这半球形球面距接地体越远的地方球面越大，所以距接地体越远的地方，散流电阻越小。试验表明，在单根接地体或接地故障点 20m 远处，实际散流电阻已趋近于零。这电位为零的地方，称为电气上的"地"或"大地"。

电气设备接地部分与零电位的"大地"之间的电位差，称对地电压，如图 14-14 中的 UE。

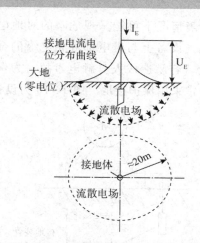

**图 14-14　接地电流、对地电压及接地电流电位分布曲线**

### 3. 接触电压和跨步电压

当电气设备绝缘损坏时，人站在地面上接触该电气设备，人体所承受的电位差称接触电压 $U_{tou}$。例如，当设备发生接地故障时，以接地点为中心的地表约 20m 半径的圆形范围内，便形成了一个电位分布区。这时如果有人站在该设备旁边，手触及带电外壳，那么手与脚之间所呈现的电位差，即为接触电，如图 14-15 所示。

在接地故障点附近行走，人的双脚（或牲畜前后脚）之间所呈现的电位差称跨步电压 $U_{step}$。跨步电压的大小与离接地点的远近及跨步的长短有关，离接地点越近，跨步越长，跨步电压就越大。离接地点达 20m 时，跨步电压通常为零。

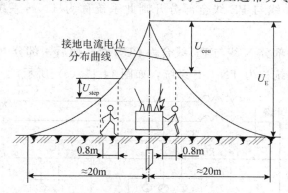

**图 14-15　接触电压和跨步电压**

### 4. 工作接地、保护接地、重复接地

（1）工作接地。在正常或故障情况下为了保证电气设备可靠地运行，而将电力系统中某一点接地称为工作接地。例如电源（发电机或变压器）的中性点直接（或经消弧线圈）接地，能维持非故障相对地电压不变，电压互感器一次侧线圈的中性点接地能保证一次系统中相对地电压测量的准确度，防雷设备的接地是为雷击时对地泄放雷电流。

（2）保护接地。将在故障情况下可能呈现危险的对地电压的设备外露可导电部分进行接地称为保护接地。电气设备上与带电部分相绝缘的金属外壳，通常因绝缘损坏或其他原因而导致意外带电，容易造成人身触电事故。为保障人身安全，避免或减小事故的危害性，电气工程中常采用保护接地。图 14-16 为设备保护接地示意图。

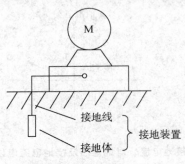

一般要求接地电阻≤4Ω

图 14-16　设备保护接地示意图

低压 380/220V 配电系统的保护接地采用中性点直接接地方式，按接地形式，分为 TN 系统、TT 系统和 IT 系统三种。

①TN 系统。TN 系统的电源中性点直接接地，并引出有中性线（N 线）、保护线（PE 线）或保护中性线（PEN 线），属于三相四线制或五线制系统。

如果系统中的 N 线与 PE 线全部合为 PEN 线，则此系统称为 TN-C 系统，如图 14-17（a）所示。

如果系统中的 N 线与 PE 线全部分开则此系统称为 TN-S 系统，如图 14-17（b）所示。

如果系统中前一部分 N 线与 PE 线合为 PEN 线，而后一部分 N 线与 PE 线全部或部分地分开，则此系统称为 TN-C-S 系统，如图 14-17（c）所示。

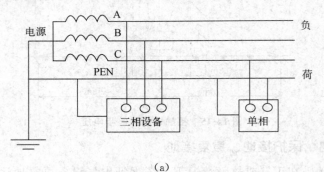

（a）

图 15-19　低压配电的 TN 系统

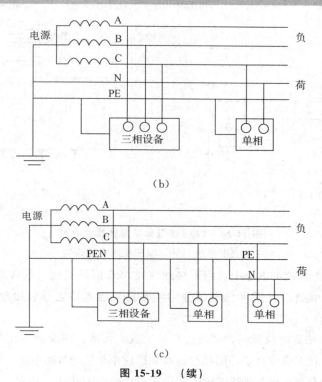

图 15-19　（续）

(a) TN—C 系统；(b) TN—S 系统；(c) TN—C-S 系统

TN 系统中，设备外露可导电部分经低压配电系统中公共的 PE 线（在 TN-S 系统中）或 PEN 线（在 TN-C 系统中）接地，这种接地形式我国习惯称为"保护接零"。

TN 系统中的设备发生单相碰壳漏电故障时，就形成单相短路回路，因该回路内不包含任何接地电阻，整个回路的阻抗就很小，故障电流 $I_k^{(1)}$ 很大，足以保证在最短的时间内使熔丝熔断、保护装置或自动开关跳闸，从而切除故障设备的电源，保障了人身安全。

②TT 系统。TT 系统的电源中性点直接接地，并引出有 N 线，属三相四线制系统，设备的外露可导电部分均经与系统接地点无关的各自的接地装置单独接地，如图 14-20（a）所示。

当设备发生一相接地故障时，就通过保护接地装置形成单相短路电流 $I_k^{(1)}$，如图 14-20（b 所示）。由于电源相电压为 220V，如按电源中性点工作接地电阻为 4Ω、保护接地电阻为 4Ω 计算，则故障回路将产生 27.5A 的电流。这么大的故障电流，对于容量较小的电气设备所选用的熔丝会熔断或使自动开关跳闸，从而切断电源，可以保障人身安全。但是，对于容量较大的电气设备，因所选用的熔丝或自动开关的额定电流较大，所以不能保证切断电源，也就无法保障人身安全了，这是保护接地方式的局限性，但可通过加装漏电保护开关来弥补，以完善保护接地的功能。

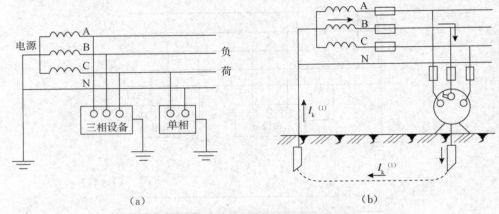

**图 14-20 TT 系统及保护接地功能说明**

（a）TT 系统；（b）保护接地功能说明

③IT 系统。IT 系统的电源中性点不接地或经 1kΩ 阻抗接地，通常不引出 N 线，属于三相三线制系统，设备的外露可导电部分均经各自的接地装置单独接地，如图 14-21（a）所示。

当设备发生一相接地故障时，就通过接地装置、大地、两非故障相对地电容以及电源中性点接地装置（如采取中性点经阻抗接地时）形成单相接地故障电流，如图 14-21（b）所示。这时人体若触及漏电设备外壳，因人体电阻与接地电阻并联，且 $R_{man}$ 远大于 $R_E$（人体电阻比接地电阻大 200 倍以上），由于分流作用，通过人体的故障电流将远小于流经 $R_E$ 的故障电流，极大地减小了触电的危害程度。

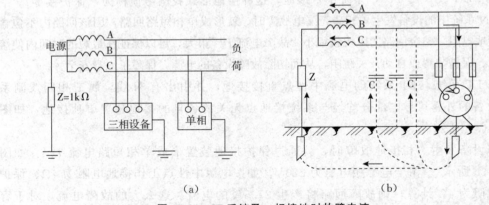

**图 14-21 IT 系统及一相接地时故障电流**

（a）TT 系统；（b）一相接地的故障电流说明

必须指出，在同一低压配电系统中，保护接地与保护接零不能混用。否则当采取保护接地的设备发生单相接地故障时，危险电压将通过大地串至零线以及采用保护接零的设备外壳上。

（3）重复接地。将零线上的一处或多处通过接地装置与大地再次连接，称重复接地。在架空线路终端及沿线每 1km 处、电缆或架空线引入建筑物处都要重复接地。如不重复接地，当零线万一断线而同时断点之后某一设备发生单相碰壳时，断点之后的接零设备外壳都将出现较高的接触电压，如图 14-22 所示。

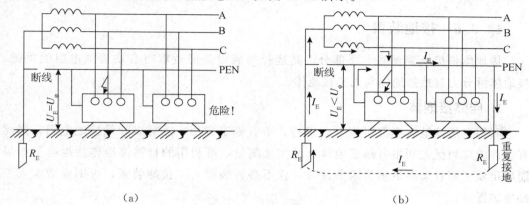

（a）　　　　　　　　　　　　（b）

**图 14-22　重复接地功能说明示意图**

（a）没有重复接地，PE 线或 PEN 线断线时；（b）采取重复接地，PE 线或 PEN 线断线时

（4）应该实行接地或接零的设备。凡因绝缘损坏而可能带有危险电压的电气设备及电气装置的金属外壳和框架应可靠接地或接零，其中包括：

①电动机、变压器、变阻器、电力电容器、开关设备的金属外壳。

②配电、控制的屏（柜、箱）的金属框架和底座、邻近带电设备的金属遮栏。

③电线电力电缆的金属保护管和金属包皮，电缆终端头与中间接头的金属包皮以及母线的外罩。

④照明灯具、电扇及电热设备的金属底座与外壳。

⑤避雷针、避雷器、保护间隙和耦合电容器底座，装有避雷线的电力线路金属杆塔。

⑥互感器的二次线圈。

（5）可以不接地或接零的设备。

①采用安全电压或低于安全电压的电气设备。

②装在配电屏、控制屏上的电气测量仪表、继电器与低压电器的外壳。

③在已接地金属构架上的支持绝缘子的金属底座。

④在常年保持干燥且用木材、沥青等绝缘较好的材料铺成的地面，其室内低压电气设备的外壳。

⑤额定电压为 220V 及以下的蓄电池室的金属框架。

⑥厂内运输铁轨。

⑦电气设备安装在高度超过 2.2m 的不导电建筑材料基座上，须用木梯才能接触到且不会同时触及接地部分。

电力系统的中性点运行方式，在实际工程应用过程中，涉及面很广，它的应用对于供电可靠性、过电压、绝缘配合、短路电流、继电保护、系统稳定性以及对弱电系统的干扰等诸方面都有不同程度的影响，特别是在系统发生单相接地故

障时，有明显的影响。因此，电力系统的中性点运行方式，应依据国家的有关规定，并根据实际情况确定。

### 14.3.6 接地装置

接地体是接地装置的主要部分，其选择与装设是能否取得合格接地电阻的关键，接地体可分为自然接地体与人工接地体。

#### 1. 自然接地体

利用自然接地体不但可以节约钢材，节省施工费用，还可以降低接地电阻，因此有条件的应当优先利用自然接地体。经实地测量，可利用的自然接地体接地电阻如果能满足要求而且又满足热稳定条件时，就不必再装设人工接地装置，否则应增加人工接地装置。

凡是与大地有可靠而良好接触的设备或构件，大都可用作自然接地体，如：

（1）与大地有可靠连接的建筑物的钢结构、混凝土基础中的钢筋。

（2）敷设于地下而数量不少于两根的电缆金属外皮。

（3）敷设在地下的金属管道及热力管道。输送可燃性气体或液体（如煤气、石油）的金属管道除外。

利用自然接地体，必须保证良好的电气连接，在建筑物钢结构结合处凡是用螺栓连接的，只有在采取焊接与加跨接线等措施后方可利用。

#### 2. 人工接地体

自然接地体不能满足接地要求或无自然接地体时，应装设人工接地体。人工接地体大多采用钢管、角钢、圆钢和扁钢制作。一般情况下，人工接地体都采取垂直敷设，特殊情况如多岩石地区，可采取水平敷设。

垂直敷设的接地体的材料，常用直径 $40 \sim 50\text{mm}$、壁厚 $3.5\text{mm}$ 的钢管，或 $40\text{mm} \times 40\text{mm} \times 4\text{mm} \sim 50\text{mm} \times 50\text{mm} \times 6\text{mm}$ 的角钢，材料规格若偏小，那么用机械方法锤打入地时易弯曲；若偏大则钢材耗用大，而散流电阻减少甚微，不经济。接地体的长度宜取 $2.5\text{m}$，若偏短，散流电阻增加很多；若偏长，则难以打入地中，而且散流电阻减小不显著。

水平敷设的接地体，常采用厚度不小于 $4\text{mm}$、截面不小于 $100\text{mm}^2$ 的扁钢或直径不小于 $10\text{mm}$ 的圆钢，长度宜为 $5 \sim 20\text{m}$。

人工接地体的埋设的方式如图 14-23 所示。

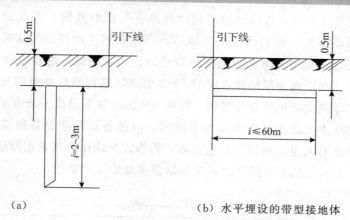

（a）　　　　　　　　　　　　　　　（b）水平埋设的带型接地体

**图 14-23　人工接地体**

（a）垂直埋设的棒型接地体；（b）水平埋设的带型接地体

如果接地体敷设处土壤有较强腐蚀性，则接地体应镀锌或镀锡并适当加大截面，不准采用涂漆或涂沥青的方法防腐。

防雷接地装置，圆钢直径不应小于 10mm；扁钢截面不应小于 100mm²，厚度不应小于 4mm；角钢厚度不应小于 4mm；钢管壁厚不应小于 3.5mm。作为引下线，圆钢直径不应小于 8mm；扁钢截面不应小于 48mm²，其厚度不应小于 4mm。

为减少自然因素（如环境温度）对接地电阻的影响，接地体顶部距地面应不小于 0.6m。

多根接地体相互靠近时，入地电流将相互排斥，影响入地电流流散，这种现象，称屏蔽效应。屏蔽效应使得接地体组的利用率下降，因此，安排接地体位置时，为减少相邻接地体间的屏蔽作用，垂直接地体的间距应不小于接地体长度的两倍，水平接地体的间距，一般不小于 5m。

由于单根接地体周围地面电位分布不均匀，在接地电流或接地电阻较大时，容易使人受到危险的接触电压或跨步电压的威胁。特别是在采用接地体埋设点距被保护设备较远的"外引式"接地时，情况就更严重（若相距 20m 以上则加到人体上的电压将为设备外壳上的全部对地电压）。此外，单根接地体或外引式接地的可靠性也较差，万一引线断开就极不安全。针对上述情况，可采用"环路式"接地装置，如图 14-24 所示。

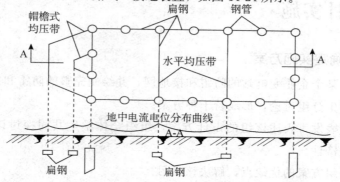

**图 14-24　加装均压带的环路式接地网**

在变配电所及车间内，应尽可能采用"环路式"接地装置，即在变配电所和车间建筑物四周，距墙脚2~3m打入一圈接地体，再用扁钢连成环路。这样，接地体间的散流电场将相互重叠而使地面上的电位分布较为均匀，因此，跨步电压及接触电压就很低。当接地体之间距离为接地体长度的1~3倍时，这种效应就更明显。若接地区域范围较大，可在环路式接地装置范围内，每隔5~10m宽度增设一条水平接地带作为均压连接线，该均压连接线还可作为接地干线用，以使各被保护设备的接地线连接更为方便可靠。在经常有人出入的地方，应加装"帽檐式"均压带或采用高绝缘路面。

如图14-25所示为某个车间动力系统和综合接地装置示意图。

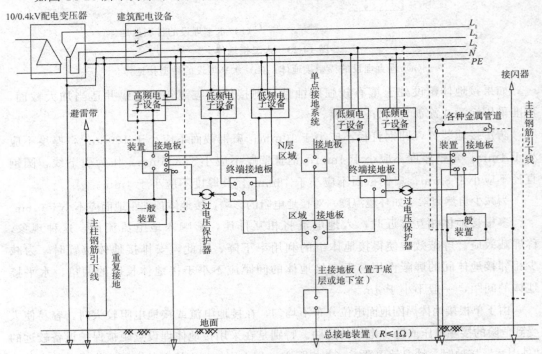

图 14-25 某个车间动力系统和综合接地装置示意图

# 14.4 项目实施

## 1. 讨论并确定实施方案

**任务：**设计某个企业变电站的防雷和接地网，并绘制完整的防雷和接地网络图。

（1）组织学生分组讨论，形成若干种方案。

（2）各组代表发言表述该组的设计方案，组织全体学生共同探讨该组方案的可行性、可靠性、经济性。

（3）点评各组方案的优缺点，解决该项目。

（4）帮助学生理解防雷和接地工作原理。

（5）帮助学生理解防雷和接地电气控制的接线、安装、调试、运行、维护、保养。

（6）各组根据讨论结果进行修正方案。

（7）绘出主接线图，给出方法。

### 2. 方案实施过程

（1）依据自己的方案绘制防雷和接地电气控制的电路图、主接线图。

（2）选择防雷和接地电气控制电路控制元件，并会使用、维修。

（3）防雷和接地电气控制的接线、安装、调试、运行、维护、保养。

### 3. 项目完成效果评价

（1）组织全体学生共同分享各组项目成果。

（2）选择观测点：看是否完成项目功能要求，查找原因。

（3）对方案的合理性、可靠性进行评价。

（4）抛出教师方案，引导学生进一步理解解决该方案的方法和技巧，让其再次修正自己的方案。

## 14.5　知识拓展

### 14.5.1　接地线的注意事项

挂接地线是在停电后所采用的安全预防措施，是保护作业人员安全的一道屏障，可防止突然来电对人体的伤害，因此，要正确使用接地线，规范挂、拆接地线的行为，自觉培养严谨的安全工作作风，避免由于接地线原因引起的电气事故。实际工作中，接地线的应注意以下事项。

（1）工作之前必须检查接地线。软铜线是否断头，螺丝连接处有无松动，线钩的弹力是否正常，不符合要求应及时调换或修好后再使用。

（2）挂接地线前必须先验电，未验电挂接地线是严重的违章行为。验电的目的是确认现场是否已停电，能消除停错电、未停电的人为失误，防止带电挂接地线。在工作段两端，或有可能来电的支线（含感应电、可能倒送电的自备电）上挂接地线。

（3）不得将接地线挂在线路的拉线或金属管上。其接地电阻不稳定，往往太大，不符合技术要求，还有可能使金属管带电，给他人造成危害。

要爱护接地线。接地线在使用过程中不得扭花，不用时应将软铜线盘好，接地线在拆除后，不得从空中丢下或随地乱摔，要用绳索传递，注意接地线的清洁工作，预防泥沙、杂物进入接地装置的孔隙之中，从而影响正常使用的零件。新工作人员必须经过对接地线使用的培训、学习，考核合格后，方能单独从事接地线操作或使用工作。按不同电压等级选用对应规格的接地线，地线的线径要与电气设备的电压等级相匹配。

（4）不准把接地线夹接在表面油漆过的金属构架或金属板上。虽然金属与接地系统相连，但油漆表面是绝缘体，油漆厚度的耐压达 10kV/mm，可使接地回路不通，失去保护作用。

（5）严禁使用其他金属线代替接地线。其他金属线不具备通过事故大电流的能力，接触也不牢固，故障电流会迅速熔化金属线，断开接地回路，危及工作人员生命。

（6）现场工作不得少挂接地线或者擅自变更挂接地线地点。接地线数量和挂接点都是经过工作前慎重考虑的，少挂或变换接地点，都会使现场保护作用降低，使人处于危险的工作状态。

接地线具有双刃性，它具有安全的作用，使用不当也会产生破坏效应，所以工作完毕要及时拆除接地线。带接地线合开关会损坏电气设备和破坏电网的稳定，会导致严重的恶性电气事故。

接地线应存放在干燥的室内，要定点保管、维护，并编号造册，定期检查记录。应重点注意检查接地线的质量，观察外表有无腐蚀、磨损、过度氧化、老化等现象，以免影响接地线的使用效果。

## 14.5.2　接地电阻

接地体与土壤之间的接触电阻以及土壤的电阻之和称散流电阻；散流电阻加接地体和接地线本身的电阻称接地电阻。

### 1. 接地电阻的要求

对接地装置的接地电阻进行限定，实际上就是限制了接触电压和跨步电压，保证了安全。电力装置工作接地电阻的要求如下。

（1）电压为 1000V 以上的中性点接地系统中电气设备实行保护接地。由于系统中性点接地，故电气设备绝缘击穿而发生接地故障时，将形成单相短路，由继电保护装置将故障部分切除，为确保可靠动作，此时接地电阻 $R_E \leqslant 0.5\Omega$。

（2）电压为 1000V 以上的中性点不接地系统中由于系统中性点不接地，当电气设备绝缘击穿而发生接地故障时，一般不跳闸而是发出接地信号，此时电气设备外壳对地电压为 $R_E I_E$，$I_E$ 为接地电容电流，当这个接地装置单独用于 1000V 以上的电气设备时，为确保人身安全，取 $R_E I_E$ 为 250V，同时还应满足设备本身对接地电阻的要求即

$$R_E \leqslant \frac{250V}{I_E} \text{同时 } R_E \leqslant 10\Omega \qquad (15\text{-}3)$$

当这个接地装置与 1000V 以下的电气设备公用时，考虑到 1000V 以下设备分布广、安全要求高的特点，所以取

$$R_E \leqslant \frac{125V}{I_E} \qquad (15\text{-}4)$$

同时还应满足下述 1000V 以下设备本身对接地电阻的要求。

（3）电压为 1000V 以下的中性点不接地系统中考虑到其对地电容通常都很小，因

此，规定 $R_E \leqslant 4\Omega$，即可保证安全。

对于总容量不超过 100kVA 的变压器或发电机供电的小型供电系统，接地电容电流更小，所以规定 $R_E \leqslant 10\Omega$。

（4）电压为 1000V 以下的中性点接地系统中电气设备实行保护接零，电气设备发生接地故障由保护装置切除故障部分，但为了防止零线中断时产生危害，仍要求有较小接地电阻，规定 $R_E \leqslant 4\Omega$。同样对总容量不超过 100kVA 的小系统可采用 $R_E \leqslant 10\Omega$。

### 2. 接地电阻的测量

接地装置施工完成后使用之前应测量接地电阻的实际值，以判断其是否符合要求。若不符合要求，则需补打接地极。每年雷雨季到来之前还需要重新检查测量。接地电阻的测量有电桥法、补偿法、电流—电压表法和接地电阻测量仪法，这里介绍接地电阻测量仪法。

接地电阻测量仪，俗称接地摇表，其自身能产生交变的接地电流，使用简单，携带方便，而且抗干扰性能较好，应用十分广泛。

以常用的国产接地电阻测量仪 ZC-8 型为例，如图 14-26 所示，其有三个接线端子 E、P、C 分别接于被测接地体（E′）、电压极（P′）和电流极（C′）。以大约 120r/min 的速度转动手柄时，摇表内产生的交变电流将沿被测接地体和电流极形成回路，调节粗调旋钮及细调拨盘，使表针指在中间位置，这时便可读出被测接地电阻。

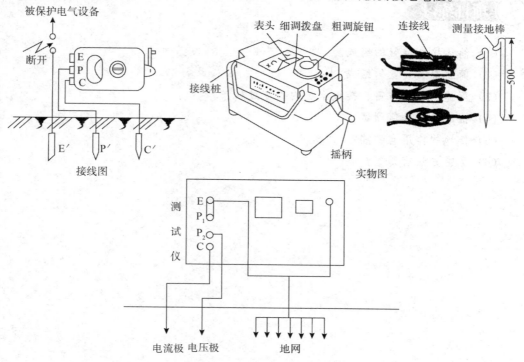

图 14-26　ZC-8 型接地电阻仪

其具体测量步骤如下。

（1）拆开接地干线与接地体的连接点。

（2）将两支测量接地棒分别插入离接地体 20m 与 40m 远的地中，深度约 400mm。

（3）把接地摇表放置于接地体附近平整的地方，然后接线：用最短的一根连接线连接接线柱 E 和被测接地体 E′；用较长的一根连接线连接接线柱 P 和 20m 远处的接地棒 P′；用最长的一根连接线连接接线柱 C 和 40m 远处的接地棒 C′。

（4）根据被测接地体的估猜电阻值，调节好粗调旋钮。

（5）以大约 120r/min 的转速摇动手柄，当表计指针偏离中心时，边摇动手柄边调节细调拔盘，直至表针居中稳定后为止。

（6）细调拔盘的读数×粗调旋钮倍数，即得被测接地体的接地电阻。

## ⚡ 项目小结

本项目主要讲述了防雷和接地电气控制分析、接线、安装、调试、运行、维护、保养。通过本项目的学习，应掌握防雷和接地的接线，对一般现场故障会查找并排除；会应用所学知识分析其线路，根据控制要求设计电气控制线路，并会安装与调试；掌握防雷和接地的设计及维修。

## ⚡ 项目练习

（1）简述接地装置的组成。

（2）简述避雷装置的组成。

（3）简述完整的防雷、接地系统的工作过程。

（4）接地电阻如何测试。

（5）接地的作用有哪些？

（6）防雷方法有哪些？

# 项目 15　变电所倒闸操作

⚡ 知识目标

☞掌握变电所倒闸操作的接线，对一般现场故障会查找并排除；

☞会应用所学知识分析其控制线路，根据控制要求设计电气控制线路，并会安装与调试；

☞掌握变电所倒闸操作的操作及维修。

⚡ 技能目标

☞训练学生的安全意识，培养学生的团队合作能力、组织管理能力、创新能力；

☞有效地处理日常生活中的各种需要和挑战的能力，并且在与他人、社会和环境的相互关系中表现出适应和积极的行为的能力。

## 15.1　项目导入

本项目通过图 15-1～图 15-3 介绍了变电所室内、室外倒闸操作的方法。

### 15.1.1　变电所倒闸操作的室外操作方法

变电所倒闸操作的室外操作方法如图 15-1 所示。

图 15-1　变电所倒闸操作的室外操作方法

### 15.1.2 变电所倒闸操作的室内操作方法

变电所倒闸操作的室内操作方法如图 15-2 所示。

图 15-2 倒闸操作的室内操作方法

### 15.1.3 变电所倒闸操作的仿真

变电所倒闸操作的仿真如图 15-3 所示。

图 15-3 变电所倒闸操作的仿真

## 15.2 项目分析

图 15-1 说明了在室外进行倒闸操作时的操作过程；图 15-2 说明了在室内进行倒闸操作时的过程；15-3 介绍了仿真倒闸操作的方法。倒闸操作的具体方法为两人以上操作，先仿真操作，一人唱票、一人倒闸操作，边唱票边操作，一步一步操作。

本项目涉及的内容有供电系统的倒闸操作、断路器的倒闸操作、隔离开关的倒闸操作等。

# 15.3　知识链接

## 15.3.1　供电系统的倒闸操作

电气设备分为运行、备用（冷备用及热备用）、检修三种状态。将设备由一种状态转变为另一种状态的过程叫倒闸，所进行的分闸或合闸的操作叫倒闸操作。通过操作隔离开关、断路器以及挂、拆接地线将电气设备从一种状态转换为另一种状态或使系统改变了运行方式。倒闸操作必须执行操作票制和工作监护制。要正确地进行倒闸操作，避免因错误操作而造成事故，就必须清楚地了解设备的操作状态，即正确地判别隔离开关和断路器的位置。

### 1. 电气设备的工作状态的种类

电气设备的工作状态通常分为如下四种。

（1）运行中。隔离开关和断路器已经合闸，使电源和用电设备连成电路，则设备是在运行中，即设备的"运行状态"指设备的刀闸及开关都在合上位置，将电源至受电端的电路接通（包括辅助设备如电压互感器、避雷器等），如图 15-4 所示。

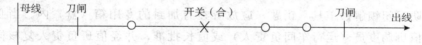

**图 15-4　运行中**

（2）热备用。某设备（如变压器）的电源由于断路器的断开已停止运行，但断路器两端的隔离开关仍接通，则该设备处于热备用。即设备的"热备用状态"，如图 15-5 所示。

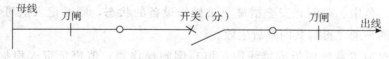

**图 15-5　热备用**

（3）冷备用。某设备的所有隔离开关和断路器均已断开，则该设备便为处于冷备用，即设备的"冷备用状态"，如图 15-6 所示。

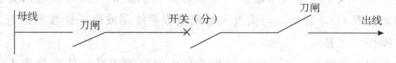

**图 15-6　冷备用**

（4）检修中。设备的所有隔离开关和断路器已经全部断开，并悬挂标示牌和装设遮栏、接好地线，则该设备是在检修中。

## 2. 倒闸操作的一般规定

倒闸操作的一般规定主要有以下几个。

(1) 倒闸操作必须由两人执行。副值班员为操作人,正值班员为监护人。对于两个电气系统和发电机的并列操作,应由正值班员担任操作人,值班负责人或值班长担任监护人。

(2) 操作票应由操作人填写,监护人和值班负责人(值班长、值长、站长)审核并分别签名。若由交班人员填写时,接班人员必须认真、细致地审查,确认无误后,在操作人、监护人、值班负责人处签名后执行。签字的每个人都应对操作票的正确性负责(包括微机填写的操作票,也必须履行审核、签字手续)。

(3) 一份操作票应由一组人操作,监护人手中只能持一份操作票。

(4) 为了同一操作目的,根据调度命令进行中间有间断的操作,应分别填写操作票。特殊情况可填一份操作票,但每接一次操作命令,应在操作票上用红线表示出应操作范围,不得将未下达操作命令的操作内容一次模拟完毕。分项操作时,在操作项项目终止、开始项旁边应填相应时间。

(5) 倒闸操作中途不得换人,不得做与操作无关的事情。监护人应自始至终认真监护,不得离开操作现场或进行其他工作。

(6) 防误闭锁解锁工具(钥匙)应放置在有加封的专用箱(盒)内。当必须使用时,应经值班调度员(运行车间负责人)或值长批准,并经值班负责人复核同意,在值班负责人监护下开启封装和进行解锁操作。使用完毕后应由厂(局)防误专责人重新封装,并将情况记入专用的"防误装置解锁工具(钥匙)使用记录薄"内。

## 3. 正常操作遵守的程序

(1) 接受操作预告。值班负责人接受值班调度员的操作预告,接受预告时,应明确操作任务、范围、时间、安全措施及被操作设备的状态,同时记入值班记录薄,并向发令人复诵一遍,得到其同意后生效。

(2) 查对模拟系统图板或接线图,填写倒闸操作票。值班负责人根据操作预告,向操作人和监护人交待操作任务,由操作人员根据记录,查对模拟系统图或电子接线图,参照典型操作票,逐项填写操作票或计算机开出操作票。

(3) 核对操作票。操作人和监护人在填好操作票复审无误并签名后交给现场运行负责人(值班负责人),现场运行负责人对照模拟系统图或电子接线图进行审核,认为正确后,在操作票上签名。

(4) 发布和接受操作指令。实际操作前,由值班调度员向值班负责人(或现场运行负责人)发布正式的操作指令。发布指令应正确、清楚地使用规范调度术语和设备双重名称。发令人使用电话发布指令前,应先和受令人互报姓名。发布指令和接受指令的全过程都要录音,并做好记录。受令人必须复诵操作指令,并得到值班调度员"对、执行"的指令后执行。

（5）模拟操作。在进行实际操作前必须进行模拟操作，监护人根据操作票中所列的项目，逐项发布操作指令（检查项目和模拟盘没有的保护装置等除外），操作人听到指令并复诵后更改模拟系统图或电子接线图。

（6）实际操作。实际操作主要包括以下几项。

①监护手持操作票，携带开锁钥匙，操作人拿操作棒和绝缘手套，监护人和操作人戴好安全帽，一起前往被操作设备位置。核对设备名称、位置、编号及实际运行状态与操作票要求一致后，操作人在监护人监护下，做好操作准备。

②操作人和监护人面向被操作设备的名称编号牌，由监护人按照操作票的顺序逐项高声唱票。操作人应注视设备名称编号，按所唱内容独立地、并用手指点这一步操作应动部件后，高声复诵。监护人确认操作人复诵无误后，发出"对、执行"的操作口令，并将钥匙交给操作人实施操作。

③监护人在操作人完成操作并确认无误后，在该操作项目前打"√"。

④对于检查项目，监护人唱票后，操作人应认真检查，确认无误后再复诵，监护人同时也应进行检查，确认无误并听到操作人复诵，在该项目前打"√"。严禁操作项目与检查项一并打"√"。

（7）复核。全部操作项目完毕后，应复查被操作设备的状态、表计及信号指示等是否正常、有无漏项等。

（8）汇报完成。完成全部操作项目后，监护人在操作票的"┘"号上盖"已执行"章，并在操作票上记录操作结束时间后交现场运行负责人，现场运行负责人向调度员汇报操作任务已完成。

### 4. 设备的倒闸操作

（1）断路器的操作。高压断路器具有灭弧能力，是切合电路的主要设备。正常时根据电网运行需要，将一部分电气设备或线路投入或退出运行，当电气设备或线路发生故障时，通过保护装置作用于断路器，将故障部分从电网中切除，保证电网无故障部分正常运行。

1）断路器操作的一般规定

①断路器投运前，应检查接地线是否全部拆除，防误闭锁装置是否正常。

②操作前应检查控制回路和辅助回路的电源正常，检查操动机构正常，各种信号正确、表计指示正常，对于油断路器检查其油位、油色正常，对于真空断路器检查其灭弧室无异常，对于 $SF_6$ 断路器检查其气体压力在规定的范围内。如果发现运行中的油断路器严重缺油、真空断路器灭弧室异常，或者 $SF_6$ 断路器气体压力低发出闭锁操作信号，禁止操作。

③停运超过 6 个月的断路器，在正式执行操作前应通过远方控制方式进行试操作 2～3 次，无异常后方能按操作票拟定的方式操作。

④操作前，检查相应隔离开关和断路器的位置，并确认继电保护已按规定投入。

⑤一般情况下，凡能够电动操作的断路器，不应就地手动操作。操作控制把手时，

不能用力过猛，以防损坏控制开关；不能返回太快，以防时间短断路器来不及合闸。操作中应同时监视有关电压、电流、功率等表计的指示及红绿灯的变化。

⑥操作开关柜时，应严格按照规定的程序进行，防止由于程序错误造成闭锁、二次插头、隔离挡板和接地开关等元件损坏。

⑦断路器（分）合闸后，应到现场确认本体和机构（分）合闸指示器以及拐臂、传动杆位置，保证开关却已正确（分）合闸，并检查与其有关的信号和表计如电流表、电压表、功率表等的指示是否正确，以及开关本体有无异常。

⑧液压（气压）操动机构，如因压力异常断路器分、合闸闭锁时，不准擅自解除闭锁进行操作；电磁机构严禁用手动杠杆或千斤顶带电进行合闸操作；无自由脱口的机构严禁就地操作。

⑨油断路器由于系统容量增大，运行地点的短路电流达到其额定开断电流的80%时，应停用自动重合闸，在短路故障开断后禁止强送。

⑩断路器实际故障开断次数仅比允许故障开断次数少一次时，应停用该断路器的自动重合闸。

2）手车式断路器的操作

①手车式断路器允许停留在运行、试验、检修位置，不得停留在其他位置。检修后，应推至试验位置，进行传动试验，试验良好后方可投入运行。

②手车式断路器无论在工作位置还是在试验位置，均应用机械联锁把手车锁定。

③当手车式断路器推入柜内时，应保持垂直缓缓推进。处于试验位置时，必须将二次插头插入二次插座，断开合闸电源，释放弹簧储能。

3）断路器操作的注意事项

①三相操作断路器与分相操作断路器。断路器按照操作方式可分为三相操作断路器和分相操作断路器。分相操作断路器的各相主触头分别由各自的跳合闸线圈控制，可分别进行跳闸和合闸操作。线路断路器需要单相重合闸时，多选用分相操作断路器。三相操作断路器的三相只有一个合闸线圈和一个或两个跳闸线圈，断路器通过连杆或液体压力导管传动操作动力，将三相主触头合闸或分闸，电力系统中发电机、变压器和电容器等设备不允许各相分别运行，所以该类设备所用断路器通常采用三相操作断路器。

②断路器控制箱内"远方/就地"控制把手与断路器测控屏上"远方/就地"控制把手。在断路器控制箱内和主控室断路器测控屏上均设置有"远方/就地"控制把手，但二者有区别。断路器电气控制箱内"远方/就地"控制把手的作用是当把手选在"远方"位置时，将接通远方合闸（重合闸）和远方跳闸回路，断开就地合闸和分闸回路，此时可由远方（主控室监控机或监控中心）进行手动电气合闸（重合闸）和手动电气分闸；当把手选在"就地"位置时，将断开远方合闸（重合闸）和远方跳闸回路，接通就地合闸跳闸回路，此时可在就地进行手动电气合闸和手动电气分闸。需要说明的是，保护跳闸回路未经过"远方/就地"控制把手控制，因此无论把手在任何状态，均

不影响保护的跳闸。断路器测控屏上"远方/就地"控制把手当选在"就地"位置，只能用于检修人员检修断路器时就地进行操作，正常运行时，此把手必须放在"远方"位置，否则在远方（主控室监控机或监控中心）无法对断路器进行分、合操作。

（2）隔离开关的操作。隔离开关的主要功能是当断路器断开电路后，由于隔离开关的断开使用有电与无电部分形成明显的断开点。虽然断路器的外部有"分、合"指示器，但不能保证它的指示与触头的实际位置一致，所以用隔离开关把有电与无电部分明显断开是非常必要的。此外，隔离开关具有一定的自然灭弧能力，常用来投入或断开电压互感器和避雷器等电流很小的设备，或用在一个断路器与几个设备的连接处，使断路器经过隔离开关的倒换更为灵活方便。

1）隔离开关操作的规定

①隔离开关操作前应检查断路器、相应接地开关确已拉开并分闸到位，确认送电范围内接地线已拆除。

②隔离开关电动操动机构操作电压应在额定电压的85％～110％之间。

③手动合隔离开关应迅速、果断，但合闸终了时不可用力过猛。合闸后应检查动、静触头是否合闸到位，接触是否良好。

④手动分隔离开关开始时，应慢而谨慎；当动触头刚离开静触头时，应迅速。拉开后检查动、静触头断开情况。

⑤隔离开关在操作过程中，如有卡滞、动触头不能插入静触头、合闸不到位等现象时，应停止操作，待缺陷消除后在继续进行。

⑥在操作隔离开关过程中，要特别注意若绝缘子有断裂等异常时应迅速撤离现场，防止人身受伤。

⑦电动操作的隔离开关正常运行时，其操作电源应断开。

⑧禁止使用隔离开关进行下列操作：带负荷分、合操作；配电线路的停送电操作；雷电时拉合避雷器；系统有接地（中性点不接地系统）或电压互感器内部故障时，拉合电压互感器；系统有接地时拉合消弧线圈。

2）隔离开关操作中的注意事项

①停电操作必须按照断路器-负荷侧隔离开关-电源侧隔离开关的顺序依次进行，送电操作应按与上述相反的顺序进行。严禁带负荷拉合隔离开关。

②发生误合隔离开关，在合闸时产生电弧不能将隔离开关再拉开。发生误拉隔离开关，在闸口刚脱开时，应立即合上隔离开关，避免事故扩大。如果隔离开关已全部拉开，则不允许将拉的隔离开关再合上。

③拉、合隔离开关后，应到现场检查其实际位置，以免因控制回路（指远方操作的）或传动机构故障，出现拒分、巨合现象。同时应检查隔离开关触头位置是否符合规定要求，以防止出现不到位现象，例如合闸时检查三相同期且接触良好，分闸时检查断口张开角度或拉开距离符合要求。

④操作中如果发现隔离开关支持绝缘子严重破损、隔离开关传动杆严重破损等严

重缺陷时，不准对其进行操作。

⑤隔离开关操动机构的定位销，操作后一定要销牢，防止滑脱引起带负荷切合电路或带地线合闸。

⑥隔离开关、接地开关和断路器之间安装有防误操作的电气、电磁和机械闭锁装置，倒闸操作时，一定要按顺序进行。如果闭锁装置失灵或隔离开关和接地开关不能正常操作时，必须严格按闭锁要求的条件，检查相应的断路器、隔离开关的位置状态，核对无误后才能解除闭锁进行操作。禁止随意解除进行操作。

⑦隔离开关操作时所发出的声音，可用来判断是否误操作及可能发生的问题。如何判断声音是否正常，可参考以下几方面的内容：

拉合隔离开关时，如果一侧有电，另一侧无电，则一般声音较响。两侧均无电，则在合隔离开关时，一般无声音，如果有轻微声音，则一般是由感应电引起，例如当线路送电合上线路隔离开关时，有轻微声音，如果断路器带有断口电容，则声音相对大一点。当隔离开关拉开后，两侧均无电，一般也无声音。

热倒母线时，隔离开关合、拉一般均无声音，如果隔离开关和母联断路器距离较远且操作后环流变化较大，则一般由于母线压降产生压差而发出轻微声音，如果声音较响或比平常响，则应检查母联断路器是否断开。

用隔离开关拉开空载母线或空载充电母线，由于电容电流较大，一般声音较响。

线路由运行转检修时，当拉开线路隔离开关时，一般时间较轻，如果声音较响，则应认真检验线路是否带电，以免在装设接地线时，发生事故。

## 15.3.2　变配电所的送电操作

变配电所送电时，一般应从电源侧的开关合起，依次合到负荷侧开关。按这种程序操作，可使开关的闭合电流减至最小，比较安全；万一某部分存在故障，也容易发现。但是在有高压断路器－隔离开关及有低压断路器－刀开关的电路中，送电时，一定要按照母线侧隔离开关（或刀开关）－负荷侧隔离开关（或刀开关）－断路器的合闸顺序依次操作。

现以某用户的 10kV 变配电所为例加以说明，如图 15-7 所示。送电时，应先进行检查，确知变压器上无人工作后，撤除临时接地线和"有人工作，禁止合闸！"标示牌；再投入电压互感器 TV（闭合两组隔离开关），检查进线有无电压和电压是否正常；如进线电压正常，再闭合高压断路器 QF，这时主变压器投入。如未发现异常，就可闭合低压主开关 $QS_1$ 和 $QS_2$，使低压母线获电。如电压正常，则可分路投入各低压出线开关。但要注意，低压刀开关除带有灭弧罩的外，一般不能带负荷操作，故对仅装无灭弧罩刀开关的线路，应先切除负荷后才能合闸送电。如果变配电所是在事故停电以后恢复送电，则操作步骤与变配电所内装设的开关型式有关。

假如变配电所高压侧装设的是高压断路器，当变配电所发生短路时，高压断路器会自动跳闸。在消除短路故障后恢复送电时，可直接闭合高压断路器。

假如变配电所内高压侧装设的是负荷开关，则恢复送电时，可直接闭合负荷开关，因负荷开关也能带负荷操作。

假如所内装设的是高压隔离开关加熔断器或跌落式熔断器，则恢复送电前，应先将变配电所低压主开关或所有出线开关断开，然后才能闭合高压隔离开关或跌落式熔断器，最后再将低压主开关或所有出线开关合上，恢复供电。

变配电所在运行过程中进线突然没有电压时，多数是因外部电网暂时停电。这时总开关不必拉开，但出线开关应该全部拉开，以免突然来电时各用电设备将同时起动，造成过负荷及电压骤降，影响供电系统的正常运行。当电网恢复供电后，再依次合上各路出线开关恢复送电。当变配电所的厂内出线发生故障而使开关跳闸时，如开关的断流容量允许，则可试合一次，争取尽快恢复供电。由于许多故障属暂时性的，所以多数情况下会试合成功。如果试合失败开关再次跳闸，说明线路上的故障尚未消除，这时应对故障线路进行隔离检修。

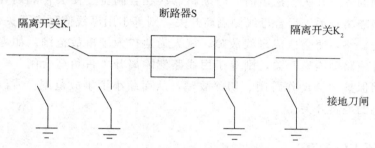

**图 15-7  某 10kV 变配电所主结线图**

### 15.3.3  变配电所的停电操作

#### 1. 变配电所的停电操作

变配电所停电时，一般应从负荷侧的开关拉起，依次拉到电源侧开关。按这种程序操作，可使开关的开断电流减至最小，也比较安全。但是在有高压断路器—隔离开关及有低压断路器—刀开关的电路中，停电时，一定要按照断路器——负荷侧隔离开关（或刀开关）——母线侧隔离开关（或刀开关）的拉闸顺序依次操作。

仍以图 15-7 为例进行说明：停电时，先拉低压侧各路出线开关。如果刀开关或熔断器式刀开关未带灭弧罩时，则还应先断开相关的负荷开关。所有出线开关开后，就可相继拉开低压和高压主开关。若高压主开关是高压断路器或负荷开关，紧急情况下也可直接拉开高压断路器或负荷开关以实现快速停电。

假如高压侧装设的是隔离开关加熔断器或跌落式熔断器，则停电时只有断开所有低压出线开关和低压主开关之后，才能拉开高压隔离开关或跌落式熔断器。线路或设备停电以后，考虑到检修线路和设备人员的安全，在断路器的开关操作手柄上应悬挂"有人工作，禁止合闸！"标示牌，并在停电检修线路或设备的电源侧（如可能两侧来电时，应在其两侧）装设临时接地线。装设临时接地线时，应先接接地端，再接线路

端或设备端。

### 2. 停送电操作时拉合隔离开关的次序

操作隔离开关时，绝对不允许带负荷拉或合。故在操作隔离开关前，定要认真检查断路器所处的状态。为了在万一发生错误操作时能缩小事故范围，避免人为扩大事故，停电时应先拉线路侧隔离开关，送电时应先合母线侧隔离开关。这是因为停电时可能出现的误操作情况有：断路器尚未断开电源而先拉隔离开关，造成了带负荷拉隔离开关；断路器虽已断开，但在操作隔离开关时由于走错间隔而错拉了不应停电的设备。

若断路器尚未断开电源时误拉了隔离开关，如先拉了母线侧隔离开关，弧光短路点将在断路器内侧，会造成母线短路；如是先拉线路侧隔离开关，则弧光短路点在断路器外侧，断路器保护将动作跳闸，便能切除故障、缩小事故范围。所以，停电时应先拉开线路侧的隔离开关。送电时，若断路器误在合闸位置便去合隔离开关，此时如是先合线路侧隔离开关、后合母线侧隔离开关，则等于用母线侧隔离开关带负荷合闸，一旦发生弧光短路，便会造成母线故障，就人为地扩大了事故范围。如先合母线侧隔离开关、后合线路侧隔离开关，则等于用线路侧隔离开关带负荷合闸，一旦发生弧光短路，断路器保护便会动作跳闸、切除故障，从而缩小了事故范围。所以，送电时必须先合母线侧的隔离开关。

## 15.4　项目实施

### 1. 讨论并确定实施方案

任务：进行企业变电站从高压到低压的倒闸操作，并描述操作步骤和安全保护措施。

（1）组织学生分组讨论，形成若干种方案。

（2）各组代表发言表述该组的设计方案，组织全体学生共同探讨该组方案的可行性、可靠性、经济性。

（3）点评各组方案的优缺点，解决该项目。

（4）帮助学生理解变电所倒闸操作工作原理。

（5）帮助学生理解变电所倒闸操作电气控制的接线、安装、调试、运行、维护、保养。

（6）各组根据讨论结果进行修正方案。

（7）绘出主接线图，给出方法。

### 2. 方案实施过程

（1）依据自己的方案绘制变电所倒闸操作电气控制的电路图、主接线图。

（2）选择变电所倒闸操作电气控制电路控制元件，并会使用、维修。

（3）变电所倒闸操作电气控制的接线、安装、调试、运行、维护、保养。

### 3. 项目完成效果评价

（1）组织全体学生共同分享各组项目成果。

（2）选择观测点：看是否完成项目功能要求，查找原因。

（3）对方案的合理性、可靠性进行评价。

（4）抛出教师方案，引导学生进一步理解解决该方案的方法和技巧，让其再次修正自己的方案。

# 15.5　知识拓展

## 15.5.1　倒闸操作必须具备的六个必要条件

（1）要有监护人在场。倒闸操作必须二人进行，经考试合格，具有独立顶岗操作证书，经车间领导批准公布的操作人，监护人，其中一人对设备较为熟悉者担当监护人（正值或付值），另一人作为操作人（付值或可顶岗的值班员）。对重要和复杂的倒闸操作由正值操作，值班负责人监护，技术员和领导到场。

（2）要有统一明显的标志（柜前，柜后，后盖板要统一编号）。变电所的电气设备（主要指需要操作的一，二次设备）均应有醒目的标志，包括设备命名，编号，切换位置，转动方向，且应字迹清晰，不得重复，一次设备应涂漆相别相漆，特别是接地刀闸涂刷黑色油漆。

（3）要有操作模拟图板。电气一次系统模拟图必须和现场实际相符，未投运设备可不编号，岗位要有二次回路原理和安装图，便于操作人员操作前的模拟预演和核对操作内容。

（4）要使用统一确切的调度术语和操作术语。统一使用华东电网调度术语和操作术语，做到言简意明，措词严慎，不因方言和习惯所混淆，值班人员必须正确领会和掌握使用。

（5）要有操作票。要完成一个操作任务，一般需要进行十几项甚至于几十项的操作，对于这种复杂的操作过程，仅靠经验和记忆是办不到的，稍有疏忽失误，就会造成人身，设备事故或大面积停电事故。填写操作票是安全正确进行倒闸操作的依据。电气设备改变运行状态，必须填写操作票后进行倒闸操作（除紧急事故处理外）。变电所应根据"调度操作任务的形式及其内容"的要求，拟订典型操作票或操作卡，作为值班人员拟写操作票的参考。

（6）要有安全保护用具。变电所现场必须配备必要的操作工具，安全用具，如验电器，绝缘棒，绝缘档板，绝缘手套，绝缘靴和各种安全告示牌，接地线等。接地线均应编号，固定存放位置，且对号入座便于检查核对。

### 15.5.2　保障安全措施的实施流程

变电所电气设备检修时，必须按照《电业安全工作规程》的相关规定，严肃认真地执行。其中，也必然牵涉应实行正确的倒闸操作，同时必须采取各项保障安全的措施。其实施流程如图 15-8 所示。

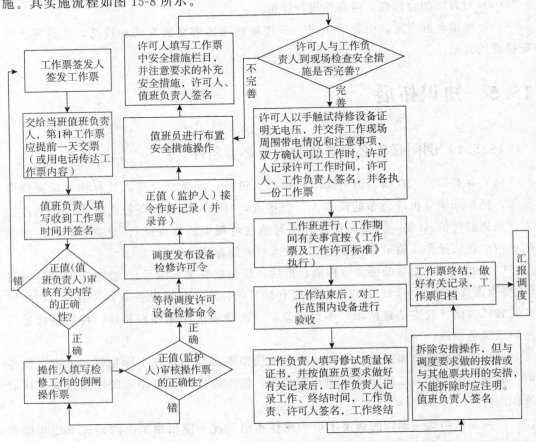

**图 15-8　倒闸实施流程**

## ⚡ 项目小结

本项目主要讲述了变电所倒闸操作电气控制分析、接线、安装、调试、运行、维护、保养。通过本项目的学习，应掌握变电所倒闸操作的接线，对一般现场故障会查找并排除；会应用所学知识分析其控制线路，根据控制要求设计电气控制线路，并会安装与调试；掌握变电所倒闸操作的操作及维修。

⚡ 项目练习

（1）简述供配电系统倒闸操作步骤。

（2）简述高压断路器倒闸操作步骤。

（3）简述高压隔离开关倒闸操作步骤。

（4）简述送电操作的步骤。

（5）简述停电操作的步骤。

（6）简述倒闸操作的安防措施。

# 项目 16　电力变压器

⚡ 知识目标

☞掌握电力变压器的结构、工作原理、型号的选择；

☞掌握电力变压器容量的选用；

☞掌握电力变压器主要的技术参数；

☞掌握电力变压器的操作及维修。

⚡ 技能目标

☞训练学生的安全意识，培养学生的团队合作能力、组织管理能力、创新能力；

☞有效地处理日常生活中的各种需要和挑战的能力，并且在与他人、社会和环境的相互关系中表现出适应和积极的行为的能力。

## 16.1　项目导入

通过图 16-1 和图 16-2 介绍了电力变压器的外形、结构和接线。

### 16.1.1　电力变压器结构

电力变压器结构如图 16-1 所示。

**图 16-1　电力变压器外形**

### 16.1.2　电力变压器接线

电力变压器接线如图 16-2 所示。

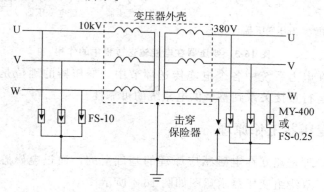

**图 16-2　电力变压器接线**

# 16.2　项目分析

图 16-1 说明了电力变压器的外形和结构；图 16-2 说明了电力变压器的接线原理；电力变压器的工作原理是变换电压；接线为初级接电源端、次级接输出端。

本项目涉及的内容有电力变压器的工作原理、接线方式、调压方法、倒闸操作、使用方法、维护、保养等。

# 16.3　知识链接

### 16.3.1　变压器概述

将电力系统中的电能电压升高或降低，合理输送电能，都要靠变压器（文字符号为 T，双绕组变压器图形符号为—◯◯—）变压来实现。变压器是变电所中关键的一次设备，其主要功能是升高或降低电压，以利于电能的合理输送、分配和使用。发电机输出的电压受发电机绝缘水平限制，一般为 6.3 kV、10 kV、10.5 kV，最高不超过 30kV，这样的电压等级不能够大容量、远距离输送电能，因为在输送一定功率的电能时，电压越低，则电流越大，将会有大量的功率消耗在输电线路的电阻上，同时大电流还将在线路上引起很大的电压降，以致使电能根本送不出去，所以大容量、远距离的电能输送，必须先用升压变压器将发电机的端电压，升高到几十至几百千伏，以降低输送电流（同时也减小了导线截面），减少输电线路的功率损耗，将电能远距离大功率的输出。当电能输送到用户端时，又必须用降压变压器把输电线路上的高压降低到配电系统的电压，然后经过一系列的配电变压器进一步将电压降低到用户可以使用的电压。变压器在电能输送过程中的示意图如图 16-3 所示。

**图 16-3　变压器在电能输送过程中的作用**

由此可见，在电力系统中各个电能传送环节中，变压器的地位是非常重要的，变压器的安全可靠运行直接关系到整个供电系统的可靠性。

## 16.3.2　变压器工作原理

变压器工作原理是建立在电磁感应原理的基础上的，通过电磁感应在绕组间实现电能的传递任务。双绕组变压器示意图如图 16-4 所示。

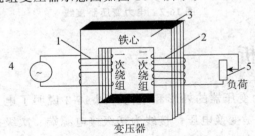

**图 16-4　双绕组变压器示意图**

1——一次绕组；2—二次绕组；3—铁心；4—发电机；5—负荷

不同类型的变压器，尽管在结构、外形、体积和重量上有很大的差异，但是它们的基本结构主要是由铁心和绕组两部分组成。

铁心是变压器磁路的主体部分，一般用硅钢片做成变压器铁心内的磁通是交变的，因此会产生一定的磁滞损耗与涡流损耗。，担负着变压器原、副边的电磁耦合任务。为了减少铁心内这些损耗，铁心通常都用表面涂有漆膜、厚度为 0.35mm 或 0.5mm 的硅钢片冲压成一定的形状成。变压器的铁心有两种基本结构，即心式和壳式。铁心本身

由铁心柱和铁轭两部分组成。被包围着的部分称为铁心柱，铁轭则作为闭合磁路之用。变压器铁心的结构形式如图 16-5 所示。

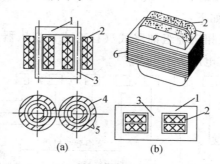

**图 16-5  变压器铁心的结构形式**

（a）心式结构；（b）壳式结构

1—铁轭；2—绕组；3—铁心柱；4—高压绕组；5—低压绕组；6—铁心

绕组是变压器电路的主体部分，我们把变压器与电源相接的一侧称为"原边"，相应的绕组称为原绕组（或一次绕组），其电磁量用下标数字"1"表示；而与负载相接的一侧称为"副边"，相应的绕组称为副绕组（或二次绕组），其电磁量用下标数字"2"表示。根据变压器的高压绕组与低压绕组的相对位置，绕组又可分为同心式与交叠式两种。同心式绕组适用于心式变压器，同心式绕组大都是低压绕组套在里面，高压绕组套在外面。绕组与低压绕组之间有一定的绝缘间隙，并用绝缘纸筒隔开，绝缘的厚度根据绕组额定电压而定，同心式绕组根据制造方法的不同，又可分为圆筒式、螺旋式、连续式和纠结式等。同心式绕组的几种形式如图 16-6 所示。

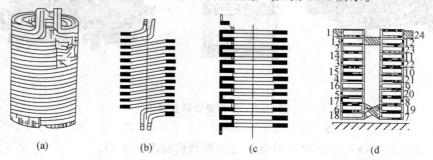

**图 16-6  同心式绕组的几种形式**

（a）圆筒式；（b）螺旋式；（c）连续式；（d）纠结式

### 16.3.3  变压器型号含义

在选择变压器时，应选用低损耗节能型变压器，如 S9 系列或 S10 系列。高损耗变压器已被淘汰，不再采用。在多尘或有腐蚀性气体严重影响变压器安全的场所，应选择密闭型变压器或防腐型变压器；供电系统中没有特殊要求和民用建筑独立变电所常采用三相油浸自冷电力变压器（S9、SL9、S10-M、S11、S11-M 等）；对于高层建筑、地下建筑、发电厂、化工等单位对消防要求较高场所，宜采用干式电力变压器（SC、

SCZ、SCL、SG3、SG10、SC6 等）；对电网电压波动较大，为改善电能质量采用有载调压电力变压器（SLZ7、SZ7、SFSZ、SGZ3 等）。

变压器的型号的含义如下：

如 S9-1000/10 表示三相铜绕组油浸式（自冷式）变压器，设计序号为 9，容量为 1000 kVA，高压绕组额定电压为 10 kV。

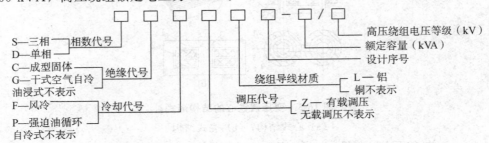

### 16.3.4　变压器常用类型

常用变压器外形图如图 16-7 所示。

（a）　　　　　　　　　　　　　　　　　（b）

**图 16-7　常用变压器外形图**

（a）S11—M·R—30～1000/10 系列；（b）干式变压器—SC（B）10 系列

（1）变压器按绕组导体可为铜绕组变压器和铝绕组变压器。

（2）变压器按绕组绝缘类型可分为油浸式变压器、干式变压器和冲气式变压器。

①油浸式变压器：广泛用作电力变压器，与干式相比，具有较好的绝缘和散热性能，价廉，不宜用于易燃、易爆场所。

②干式变压器：干式又分为开启式、封闭式、浇注式。浇注式用浇注的环氧树脂作为绝缘和散热介质，具有结构简单体积小、质量轻、防火性能好等特点，广泛用于民用建筑。

③冲气式变压器：多为六氟化硫。

（4）变压器按相数可分为单相电力变压器、三相电力变压器。

（5）变压器按绕组的数目可分为双绕组变压器、三绕组变压器、多绕组和自耦变压器。

（6）变压器调压方式可分为有载调压变压器和无激磁调压变压器。

（7）变压器按冷却方式可分为油浸自冷变压器、油浸水冷变压器和空气自冷变压器。

### 16.3.5　电力变压器的结构

电力变压器是用于电力系统中变换电压的变压器，电力系统中应用最广泛的电力变压器是双绕组、油浸自冷电力变压器，电力变压器基本结构是由两个或两个以上的绕组绕在同一个铁芯柱上，绕组和铁心的组合称为变压器器身，器身装置在油箱内，油箱上装有散热管（片）、绝缘套管、调压装置、冷却装置、保护装置、防爆装置等。电力变压器组成结构如图 16-8 所示。

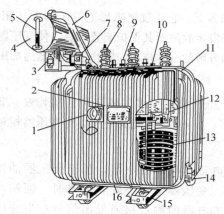

**图 16-8　电力变压器组成结构**

1—信号温度计；2—铭牌；3—吸湿器；4—油枕（储油柜）；5—油位指示器；6—防爆管；
7—瓦斯继电器；8—高压套管和接线端子；9—低压套管和接线端子；10—分接开关；
11—油箱及散热油管；12—铁心；13—绕组及绝缘；14—放油阀；15—小车；16—接地端子

**1. 油箱**

油箱是变压器的外壳，内装铁心、绕组和变压器油。变压器油起绝缘、冷却和灭弧作用。油箱是变压器身的保护箱体和变压器支持部件，变压器的其他附件分别装置在箱体的端盖顶部、侧方、底部。

**2. 油枕**

油枕的容积一般为箱体容积的 10%，其作用是储油和补油，保证变压器的油位高度，减少油面与空气的接触面积，减缓油的氧化过程，空气中吸人的水分、灰尘和氧化油垢沉积于油枕的底部积污区，减缓了绝缘油劣化速度，当变压器内部故障时，箱体内压增大，油枕起到减缓内压的作用。

**3. 呼吸器**

油枕经呼吸器与大气相通，呼吸器内装有氯化钙或氯化钴浸渍过的硅胶，当大气

流入后胶吸收空气中的水分和杂质，起到过滤空气、使绝缘油保持良好的性能。

### 4. 散热器

运行中的变压器箱体内的上、下油产生温差时，绝缘油经散热管形成了油的对流循环，垄热器冷却后流回油箱底部，起到降低油温的作用。大容量变压器运行中为了提高油冷却的效采用的冷却方式主要有以下几个。

（1）油浸自冷式。

（2）油浸风冷式。

（3）强迫油循环风冷式。

（4）强迫油循环水冷式等几种。

### 5. 防爆管

防爆管装于变压器的顶盖上，它通过喇叭形的管子与大气相通，管口用玻璃防爆膜封住。当运行中的变压器内部发生故障而其保护装置失灵，使变压器箱体内压增大，超过一定数值后防爆玻璃破裂，将油分解的气体排出，防止了变压器内部压力骤增对油箱的破坏。

### 6. 绝缘套管

绝缘套管是变压器高、低压绕组引线的固定和连接装置。变压器绕组通过绝缘套管、接接线子从内部引出到外部，与一、二次电路连接，是变压器相对箱体的绝缘部分。

### 7. 瓦斯继电器

瓦斯继电器是一种非电量的气体继电器，装于变压器油箱和油枕连接管上，是变压器内部故障的保护装置。变压器运行中发生故障时，油箱内压力增大。当故障不严重时，油箱内压力增瓦斯继电器的触点接通发出信号；当变压器内部严重故障时，油箱内压力剧增，瓦斯继电器触点接通动作，断路器跳闸，防止故障的扩大

### 8. 分接头开关

分接头开关是调整变压器变比的装置，双卷变压器、三卷变压器的一次、二次绕组一般有 3—5 个分接抽头档位。三档分接头的中间档位为分接头额定电压，相邻的分接头相差±5%，五挡分接头的变压器，相邻的分接头相差±2.5%。分接开关装于变压器端盖的部位，经传动杆伸入变压器油箱内与高压绕组的抽头相连接，改变分接开关的位置，调整低压绕组的电压。分接开关有无激磁调压和有载调压两种。

（1）无激磁调压。磁调压又称为无载调压，是指在不带电的情况下进行切换分接头的调压方式。其原理接线如图 16-9 所示（以 A 相为例）。

图 16-9（a）为中性点调压方式，分接头 X1 圈数最多为＋5%，分接头 X2 相当于额定电压，分接头 X3 圈数最少为-5%。这种方式适用于中、小型变压器。

图 16-9（b）也属于中性点调压方式，但绕组分为两半，末端的分接头从绕组中部引出。

图 16-9（c）为三相中部调压方式，这种方式适用于大容量变压器。以 A 相为例，如连接 A2、A3，则绕组的全部匝数都在线路中；连 A3、A4 时，则一部分匝数被切除；连 A4、A5 时，则更多匝数被切除，依此类推。因此，只要分别连 A2、A3，A3、A4，A4、A5，A5、A6，A6、A7，即可获得±2×2.5%的五个调压级。

无激磁分接开关的原理接线如图 16-10 所示。图 16-10（a）与图 16-9（b）的调压

方式相对应；图 16-10 （b） 与图 16-9 （c） 的调压方式相对应。无激磁分接开关一般采用手动操作，操作手柄装在油箱的侧壁上或油箱的顶盖上。

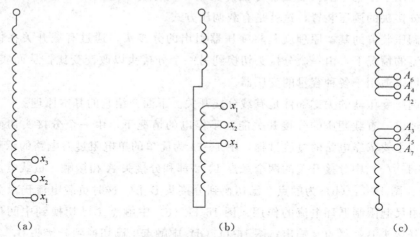

**图 16-9　无激磁调压的原理接线图图**
（a）为中性点调压方式末端调压 ；（b）中性点调压方式中部调压；（c）三相中部调压方式

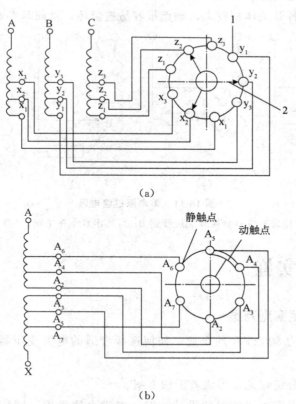

**图 16-10　无激磁分接开关原理接线图**
（a）为中性点调压方式末端调压；（b）三相中部调压方式

（2）有载调压。无激磁调压是在不带电的情况下进行切换分接头的调压方式，往往在实际应用中停电来切换变压器分接开关是不允许的，这就需要能在带电的情况下进行切换分接头的调压装置，这就是有载调压方式。

有载调压装置的基本原理就是将变压器引出的分接头，通过有载开关在保证不切断负载电流的情况下，由一个分接头切换到另一个分接头以改变变比，从而实现调压。这种方式可以适用于各种容量的变压器。

有载调压变压器的关键部件是有载分接开关。下面介绍它的基本原理。

简单地讲，有载调压的分接开关能在不停电的情况下，由一个分接头切换到另一个分接头，主要依靠电路的过渡过程，图16-11为简单的单电阻过渡电路的示意图。

图16-11（a）中分接开关的两个触点1、2都和分接头A相接触，负载电流由分接头A输出；图16-11（b）为触点2已切换到分接头B上，这时负载电流仍由分接点A输出，电阻尺起限制循环电流的作用；图16-11（c）中触点1已切换到中间位置，负载电流由分接头B经触点2输出；图16-11（d）中触点1已切换到分接头B，至此，切换过程全部结束。这样，原来由分接头A输出的电流就切换为由分接头B输出，在整个过程中不需要停电来切换分接头。图16-11中限流阻抗采用电阻。过去，多用电抗作为限流阻抗，但这种开关体积较大，触点很容易被烧坏，目前基本不用。

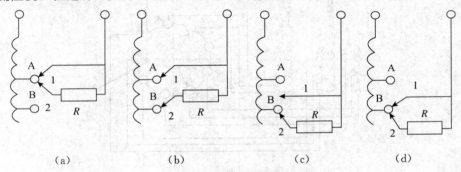

**图16-11　单电阻过渡电路**

（a）分接开关在A位置；（b）分接开关过渡到B；（c）出点1在中间；（d）分接开关切换到B

# 16.4　项目实施

**1. 讨论并确定实施方案**

任务：总负载为800kVA的企业，如何选择合适的电力变压器，并绘制电力变压器的安装原理图。

（1）组织学生分组讨论，形成若干种方案。

（2）各组代表发言表述该组的设计方案，组织全体学生共同探讨该组方案的可行性、可靠性、经济性。

（3）点评各组方案的优缺点，解决该项目。

（4）帮助学生理解电力变压器工作原理。

（5）帮助学生理解电力变压器电气控制的接线、安装、调试、运行、维护、保养。

（6）各组根据讨论结果进行修正方案。

（7）绘出主接线图，给出方法。

**2. 方案实施过程**

（1）依据自己的方案绘制电力变压器电气控制的电路图、主接线图。

（2）选择电力变压器电气控制电路控制元件，并会使用、维修。

（3）电力变压器电气控制的接线、安装、调试、运行、维护、保养。

**3. 项目完成效果评价**

（1）组织全体学生共同分享各组项目成果。

（2）选择观测点：看是否完成项目功能要求，查找原因。

（3）对方案的合理性、可靠性进行评价。

（4）抛出教师方案，引导学生进一步理解解决该方案的方法和技巧，让其再次修正自己的方案。

# 16.5    知识拓展

控制变压器主要适用于交流 50Hz（或 60Hz），电压 1000V 及以下电路中，在额定负载下可连续长期工作。通常用于机床、机械设备中作为电器的控制照明及指示灯电源。控制变压器是一种小型的干式变压器。常用作局部照明电源、信号灯或指示灯电源，在电器设备中作为控制电路电源。

## 16.5.1    控制变压器使用时的注意事项

使用控制变压器时应注意两点：一是变压器功率，二是正确接线。二次侧（即次级）所接负载的总功率不得大于控制变压器的功率，更不允许短路。否则将导致其温度太高，严重时将其烧毁。控制变压器的一、二次（即初、次级）接线不得接错，尤其是一次侧接线更不能接错。一次侧应配接的电压值均标注在它的接线端上，绝不允许把 380V 的电源线接在 220V 接线端子上，但可以把 220V 电源线接在 380V 接线端子上，此时二次侧所有输出电压将降低 1.73 倍。二次侧负载应根据其额定电压值接在相应的接线端子上，例如 6.3V 的指示灯应接在 6.3V 接线柱上，机床 36V 照明灯泡应接在 36V 接线柱上，127V 的机床交流接触器线圈应接在 127V 接线柱上。

## 16.5.2    控制变压器的结构特征

BK 系列变压器按结构可分为壳式，按安装方式可分为立式。

BK 变压器是我国在吸取国外同级产品研发出来的新型变压电源，它具有体积小、接线安全可靠、防护等级高、性能良好等特点，且能够在额定负载中长期有效工作。

### 16.5.3　控制变压器的安全要求

（1）绝缘电阻。控制变压器在冷态情况下的绝缘电阻应不低于 10 MΩ；控制 变压器在热态和潮态情况下的绝缘电阻应不低于 2 MΩ。

（2）绝缘强度。控制变压器的电气绝缘强度应能承受交流 50 Hz、2 000 V 正 弦交流电压的耐压实验，历时 1min 不发生击穿或闪络现象。

（3）泄漏电流。控制变压器的泄漏电流不得超过 3mA。

（4）温升。控制变压器的线圈的极限温升（E 级绝缘）不得超过 75 K（电 阻法）测量；铁芯的极限温升（E 级绝缘）不得超过 55 K（半导体点 温计法）测量。

（5）接地。控制变压器应有供接地的专用端子，并标有接地符号。

## ⚡ 项目小结

本项目主要讲述了电力变压器电气控制分析、接线、安装、调试、运行、维护、保养。通过本项目的学习，应掌握电力变压器的结构、工作原理、型号的选择；掌握电力变压器容量的选用；掌握电力变压器主要的技术参数；掌握电力变压器的操作及维修。

## ⚡ 项目练习

（1）简述电力变压器的工作原理。

（2）简述电力变压器使用注意事项。

（3）电力变压器如何接线？

（4）电力变压器在电力系统中的作用有哪些？

（5）电力变压器如何维护和保养？

# 项目 17　继电保护智能柜

## 知识目标

☞掌握继电保护柜的接线，对一般现场故障会查找并排除；
☞会应用所学知识分析其控制线路，根据控制要求设计电气控制线路；
☞能够进行各种保护装置的选择；
☞掌握继电保护柜的操作及维修。

## 技能目标

☞训练学生的安全意识，培养学生的团队合作能力、组织管理能力、创新能力；
☞有效地处理日常生活中的各种需要和挑战的能力，并且在与他人、社会和环境的相互关系中表现出适应和积极的行为的能力。

# 17.1　项目导入

本项目通过图 17-1 和图 17-2 显示了继电保护装置的外形结构和接线原理。

## 17.1.1　继电保护柜

如图 17-1 所示为继电保护柜。

**图 17-1　继电保护柜**

### 17.1.2 继电保护原理图

继电保护原理图如图 17-2 所示。

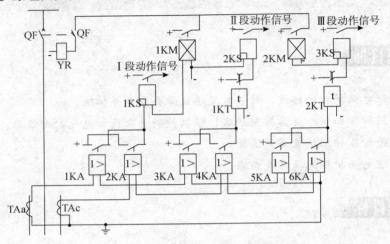

图 17-2　继电保护原理图

继电保护原理展开图如图 17-3 所示。

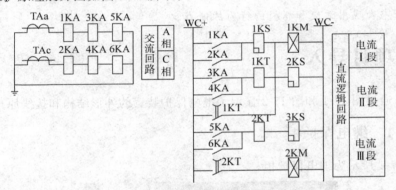

图 17-3　继电保护原理展开图

# 17.2　项目分析

图 17-1 显示了继电保护装置的外形结构；图 17-2 显示了继电保护装置原理原理；继电保护的功能是为供配电系统的正常运行提供保护措施，当电气系统或设备发生故障时，能快速、自动的控制断路器将故障部分从供电系统中切除（断电），使事故限制在允许的范围之内。

# 17.3　知识链接

## 17.3.1　继电保护基础

由测量部分（传感器）、逻辑部分（继电器）、执行部分（断路器）所组成的电气装置叫继电保护装置。由此可以看出，继电保护装置主要由一些保护继电器组成。

### 1. 继电保护的组成与原理

供电系统发生故障时，会引起电流的增加和电压的降低，以及电流、电压间相位角的变化，利用故障时参数与正常运行时的差别，可以构成不同原理和类型的继电保护。例如，利用短路时电流增大的特征，可构成过电流保护；利用电压降低的特征，可构成低电压保护；利用电压和电流比值的变化，可构成阻抗保护；利用电流和电压之间相位关系的变化，可构成方向保护；利用比较被保护设备各端电流大小和相位的差别可构成差动保护等。此外也可根据电气设备的特点实现反应非电量的保护。如反应变压器油箱内故障的瓦斯保护，反应电机绕组温度升高的过负荷保护等。

继电保护的种类较多，但一般是由测量部分、逻辑部分和执行部分所组成。其原理结构。

测量部分从被保护对象输入有关信号，再与给定的整定值相比较，决定是否动作。根据测量部分各输出量的大小、性质、出现的顺序或它们的组合，使保护装置按一定的逻辑关系工作，最后确定保护应有的动作行为，由执行部分立即或延时发出警报信号或跳闸信号。

继电保护的任务如下。

（1）自动地、迅速地、有选择性地将故障设备从供配电系统中切除，使其他非故障部分迅速恢复正常供电。

（2）正确反应电器设备的不正常运行状态，发出预告信号，以便运行人员采取措施，恢复电器设备的正常运行。

（3）与供配电系统的自动装置（如自动重合闸装置，备用电源自动投入装置等）配合，提高供配电系统的供电可靠性。

### 2. 对继电保护的基本要求

（1）选择性。继电保护的选择性是指当系统发生故障时，保护装置仅将故障元件切除，使停电范围尽量缩小，从而保证非故障部分继续运行。如图 17-4 所示的电网，各断路器都装有保护装置。当 $K_1$ 点短路时，保护只应跳开断路器 $QF_1$ 和 $QF_2$，使其余部分继续供电；又如 $K_3$ 点短路，断路器 $QF_1 \sim QF_6$ 均有短路电流，保护只应跳 $QF_6$，除变电站 D 停电外，其余继续供电。

当 $K_3$ 点短路时，若断路器 $QF_6$ 因本身失灵或保护拒动而不能跳开，此时断路器 $QF_5$ 的保护应使 $QF_5$ 跳闸，这显然符合选择性的要求，这种作用称为远后备保护。

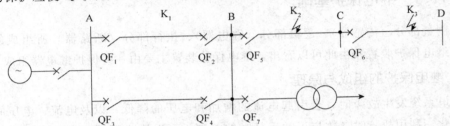

图 17-4　单侧电源网络继电保护动作的选择性

（2）快速性。快速切除故障可以减轻故障的危害程度，加速系统电压的恢复，为电动机自起动创造条件等。故障切除时间等于继电保护动作时间与断路器跳闸时间（包括熄弧时间）之和。对于反应不正常运行状态的继电保护，一般不需要求快速反应，而是按照选择性的条件，带延时发出信号。

（3）灵敏性。灵敏性是指保护装置对保护范围内故障的反应能力，在继电保护的保护范围内，不论系统的运行方式、短路的性质和短路的位置如何，保护都应正确动作。继电保护的灵敏性通常用灵敏度 $K_S$ 来衡量，灵敏度愈高，反应故障的能力愈强。灵敏度 $K_S$ 按下式计算：

$$K_S = \frac{保护范围内的最小短路电流}{保护装置一次侧动作电流} = \frac{I_{k \cdot min}}{I_{op1}} \tag{17-1}$$

式中　$I_{k \cdot min}$——保护区末端金属性短路时故障电流的最小计算值；

$I_{op1}$——保护装置的动作电流。

各种保护装置灵敏系数的最小值，在《继电保护和安全自动装置技术规程》中都作了具体规定。

（4）可靠性。可靠性是指在该保护装置规定的保护范围内发生了它应该动作的故障时，应正确动作，不应拒动；而在任何其他该保护不应该动作的情况下，则不应误动作。保护装置动作的可靠性是非常重要的，任何拒动或误动都将使事故扩大，造成严重后果。

对继电保护的基本要求是选择设计继电保护的依据，它们既相互联系又有一定的矛盾，故在选用、设计继电保护装置时，应从全局出发，统一考虑。

## 17.3.2　常用的保护继电器

供配电系统的继电保护装置由各种保护用继电器构成。保护继电器的种类很多。按继电器的结构原理分，有电磁式、感应式、数字式、微机式等继电器。按继电器反应的物理量分有电流继电器、电压继电器、功率方向继电器、气体继电器等。按继电器反应的物理量变化分，有过量继电器和欠量继电器，如过电流继电器、欠电压继电器。按继电器在保护装置中的功能分，有起动继电器、时间继电器、信号继电器和中间继电器等。

供配电系统中常用的继电器主要是电磁式继电器和感应式继电器。在现代化的大用户中也开始使用微机式继电器或微机保护。

### 1. 电磁型继电器

电磁型继电器主要由电磁铁、可动衔铁、线圈、接点、反作用弹簧等元件组成。DL 型电磁式电流继电器的内部结构如图 17-5 所示，图 17-6 是其内部接线图和图形符号，电流继电器的文字符号为 KA。

当电流通过继电器线圈 1 时，电磁铁 2 中产生磁通，对 Z 形铁片 3 产生电磁吸力，若电磁吸力大于弹簧 9 的反作用力，Z 形铁片就转动，带动同轴的动触头 5 转动，使常开触头闭合，继电器动作。

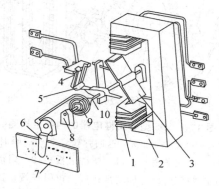

**图 17-5　DL 型电磁式电流继电器的内部结构**

1—线圈；2—电磁铁；3—Z 形铁片；4—静触头；5—动触头；
6—动作电流调整杆；7—标度盘；8—轴承；9—反作用弹簧；10—轴

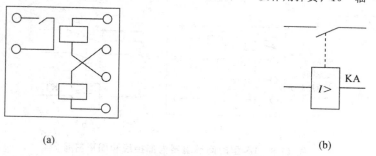

(a)　　　　　　　　　　　　　　　　　　　(b)

**图 17-6　DL 型电磁式电流继电器的内部接线和图形符号**

（a）DL-11 型内部接线　　（b）图形符号

### 2. 电磁式电压继电器

对于电磁型电压继电器，它与电流继电器不同之处是线圈所用导线细且匝数多，阻抗大，以适应接入电压回路的需要。电压继电器分为过电压和低电压两种，过电压继电器与过电流继电器的动作、返回概念相同；低电压继电器是电压降低到一定程度而动作的继电器，故与过电流继电器的动作与返回概念相反。能使低电压继电器动作

的最大电压，称为动作电压，能使动作后的低电压继电器返回的最小电压，称为返回电压。电压继电器文字符号用 kV 表示。过电压继电器返回系数小于 1，通常为 0.8，欠电压继电器返回系数大于 1，通常为 1.25。

### 3. 电磁式时间继电器

时间继电器用于继电保护装置中，使继电保护获得需要的延时，以满足选择性要求。DS 型电磁式时间继电器的内部结构图如图 17-7 所示。它由电磁系统、传动系统、钟表机构、触头系统和时间调整系统等组成。

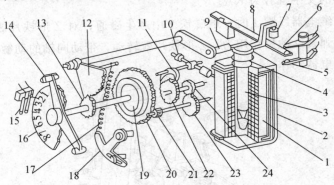

**图 17-7　DS 型时间继电器的内部结构图**

1—线圈；2—电磁铁；3—可动铁心；4—返回弹簧；5、6—瞬时静触头；7—绝缘件；
8—瞬时动触头；9—压杆；10—平衡锤；11—摆动卡板；12—扇形齿轮；13—传动齿轮；
14—主动触头；15—主静触头；16—标度盘；17—拉引弹簧；18—弹簧拉力调节器；
19—磨擦离合器；20—主齿轮；21—小齿轮；22—掣轮；23、24—钟表机构传动齿轮

图 17-8 是 DS110 型、112 型时间继电器的内部接线图和图形符号。时间继电器的文字符号为 KT。DS-110 型为直流时间继电器，DS-120 型为交流时间继电器，延时范围均为 0.1～9 秒。

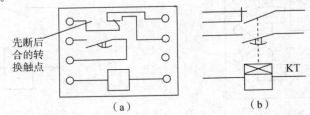

**图 17-8　DS 型时间继电器内部接线和图形符号**

（a）内部接线　　（b）图形符号

当时间继电器的线圈 1 接通工作电压后，铁心 3 吸入，使被卡住的传动系统运动。传动系统通过齿轮带动钟表机构以一定速度顺时针转动，带动动触头运动，经过预定的行程，动触头和静触头闭合，完成延时目的。时间继电器的时限调整通过改变主静触头 15 的位置，即改变主动触头 14 的行程获得。

### 4. 电磁式信号继电器

信号继电器在继电保护装置中用于发出指示信号，表示保护动作，同时接通信号

回路，发出灯光或者音响信号。信号继电器的内部结构图如图 17-9 所示，内部接线图和图形符号图如图 17-10 所示。信号继电器的文字符号为 KS。

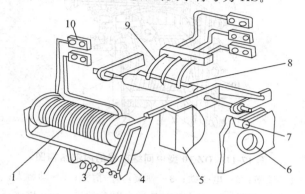

**图 17-9　DX-11 型信号继电器的内部结构图**

1—线圈；2—电磁铁；3—弹簧；4—衔铁；5—信号牌；6—玻璃窗孔；
7—复位旋钮；8—动触头；9—静触头；10—接线端子

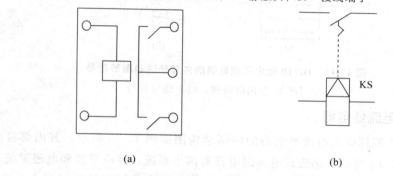

（a）　　　　　　　　　　　　　　（b）

**图 17-10　DX-11 型信号继电器内部接线和图形符号**

（a）内部接线　　（b）图形符号

信号继电器线圈 1 未通电时，信号牌 5 由衔铁 4 支持。当线圈通电时，电磁铁 2 吸合衔铁，信号牌掉下，从玻璃窗孔 6 中可观察到信号牌，表示保护装置动作，同时带动转轴旋转，使转轴上的动触头 8 与静触头 9 闭合，起动中央信号回路，发出信号。信号继电器动作后，要解除信号，需手动复位，即转动外壳上的复位旋钮 7，使其常开触点断开，同时信号牌复位。

DX-11 型信号继电器有两种：电流型和电压型。电流型信号继电器串联接入二次电路，电压型信号继电器并联接入二次电路。

### 5. 电磁式中间继电器

中间继电器的触头容量较大，触头数量较多，在继电保护装置中用于弥补主继电器触头容量或触头数量的不足。DZ-10 型中间继电器的内部结构图如图 17-11 所示。其内部接线图和图形符号如图 17-12 所示。中间继电器的文字符号为 KM。当中间继电器的线圈通电时，衔铁动作，带动触头系统使动触头与静触头闭合或断开。

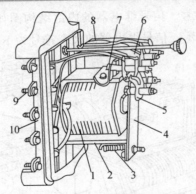

**图 17-11　DZ-10 型中间继电器的内部结构图**

1—线圈；2—电磁铁；3—弹簧；4—衔铁；5—动触头；

6、7—静触头；8—连接线；9—接线端子；10—底座

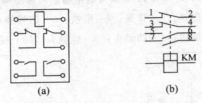

(a)　　　　　　　　(b)

**图 17-12　DZ-10 型中间继电器的内部接线和图形符号**

（a）DZ-10 型内部接线；（b）图形符号

### 6. 感应式电流继电器

GL-10 和 20 型感应式电流继电器的内部结构图如图 17-13 所示，其内部接线图和图形符号如图 17-14 所示。感应式电流继电器有两个系统：感应系统和电磁系统。继电器的感应系统主要由线圈 1，带短路环 3 的电磁铁 2 和装在可偏转的框架 6 上的铝盘 4 组成。继电器的电磁系统由电磁铁 2 和衔铁 15 组成。

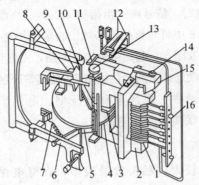

**图 17-13　GL-10、20 型感应式电流继电器内部结构图**

1—线圈；2—电磁铁；3—短路环；4—铝盘；5—钢片；6—铝框架；7—调节弹簧；

8—永久磁铁；9—扇形齿；10—蜗杆；11—扁杆；12—触头；13—时限调节螺杆；

14—速断电流调节螺钉；15—衔铁，16—动作电流调节插销

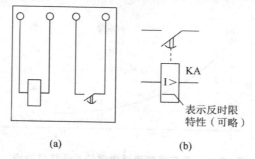

**图 17-14 感应式电流继电器内部接线和图形符号**

（a）GL-10，20 型内部接线；（b）图形符号

当继电器的线圈中通过电流时，电磁铁在无短路环的磁极内产生磁通 $\Phi_1$，在带短路环的磁极内产生磁通 $\Phi_2$，两个磁通作用于铝盘，产生转矩 $M_1$，使铝盘开始转动，同时铝盘转动切割永久磁铁 8 的磁通，在铝盘上产生蜗流，蜗流与永久磁铁的磁通作用，又产生一个与转矩 $M_1$ 方向相反的制动力矩 $M_2$，当铝盘转速增大到某一定值时，$M_1=M_2$，这时铝盘匀速转动。

继电器的铝盘在上述 $M_1$ 和 $M_2$ 的作用下，铝盘受力有使框架 6 绕轴顺时针偏转的趋势，但受到弹簧 7 的阻力，如图 17-15 所示。

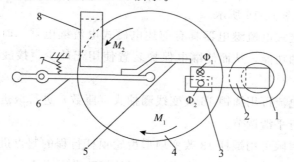

**图 17-15 感应式电流继电器铝盘受力示意图**

1—线圈；2—电磁铁；3—短路环；4—铝盘；5—钢片；

6—铝框架；7—调节弹簧；8—制动永久磁铁

当通过继电器线圈中的电流增大到继电器的动作电流时，铝盘受力增大，克服弹簧阻力，框架顺时针偏转，铝盘前移，使蜗杆 10 与扇形齿轮 9 啮合，这就叫继电器的感应系统动作。

由于铝盘的转动，扇形齿轮沿着蜗杆上升，最后使继电器触头 12 闭合，同时信号牌掉下，从观察孔中可看到红色的信号指示，表示继电器已动作。从继电器感应系统动作到触头闭合的时间就是继电器的动作时限。

继电器线圈中的电流越大，铝盘转速越快，扇形齿轮上升速度也越快，因此动作时限越短。这就是感应式电流继电器的"反时限"特性，如图 17-16 曲线中的 ab 段。

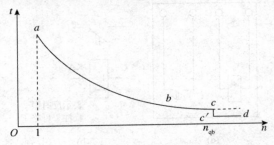

图 17-16　感应式电流继电器的动作特性曲线

当继电器线圈中的电流继续增大时，电磁铁中的磁通逐渐达到饱和，作用于铝盘的转矩不再增大，使继电器的动作时限基本不变。这一阶段的动作特性称为定时限特性，如图 17-16 曲线中的 $bc$ 段。

当继电器线圈中的电流进一步增大到继电器的速断电流整定值时，电磁铁 2 瞬时将衔铁 15 吸下，触头闭合，同时也使信号牌掉下。这是感应式继电器的速断特性，如图 17-16 曲线 $c'd$ 段。继电器电磁系统的速断动作电流与继电器的感应系统动作电流之比，称为速断电流倍数，用 nqb 表示。

感应式电流继电器的这种有一定限度的反时限动作特性，称为"有限反时限特性"。其特性曲线如图 18-16 所示。

综上所述，感应式电流继电器具有前述电磁式电流继电器、时间继电器、信号继电器、中间继电器的功能，从而使继电保护装置使用元件少、接线简单，在供配电系统中得到广泛应用。

继电器的动作电流可用插销 16 改变线圈抽头（匝数）进行级进调节；也可以用调节弹簧 7 的拉力进行平滑调节。

继电器的动作时限可用螺杆 13 改变扇形齿轮顶杆行程的起点进行调节。继电器速断电流倍数可用螺钉 14 改变衔铁与电磁铁之间的气隙进行调节。

### 7. 静态型继电器

（1）整流型继电器。LL－10 系列整流型继电器亦具有反时限特性，可以取代感应型继电器使用。整流型电流继电器的原理框图如图 17-17 所示。图中电压形成回路、整流滤波电路为测量元件，逻辑元件分为反时限部分（由起动元件和反比延时元件组成）和速断部分，它们共用一个执行元件。

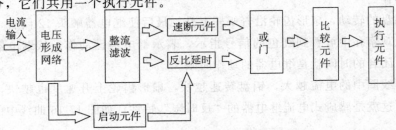

图 17-17　整流型电流继电器原理框图

电压形成回路作用有：一是进行信号转换，把从一次回路传来的交流信号进行变换和综合，变为测量所需要的电压信号；二是起隔离作用，用它将交流强电系统与半导体电路系统隔离开来。电压形成回路采用电抗变换器，它的结构特点是磁路带有气隙，不易饱和，可保证二次线圈的输出电压与输入一次线圈的电流成正比关系。

（2）晶体管型继电器。晶体管型继电器与电磁型、感应型继电器相比具有灵敏度高、动作速度快、可靠性高、功耗少、体积小、耐震动及易构成复杂的继电保护等特点。

晶体管型与整流型继电器在保护的测量原理类似。晶体管反时限电流继电器的构成原理框图如图 17-18 所示。一般由电压形成回路、比较电路（反时限和速断两部分）、延时电路和执行元件等组成。

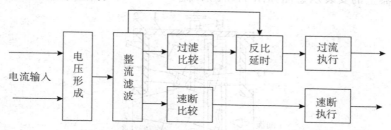

图 17-18　晶体管反时限过电流继电器原理框图

现代的晶体管保护已为集成电路保护所取代，成为第二代静态型保护，称为模拟式保护装置。

（3）微机保护。微型计算机和微处理器的出现，使继电保护进入数字化时代，目前微机继电保护已日趋成熟并得到广泛的应用。

微机保护的硬件系统框图如图 17-19 所示。其中 S/H 表示采样/保持，A/D 表示模/数转换。其保护原理不再详述。

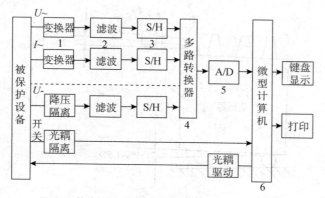

图 17-19　微机保护硬件系统框图

### 8. 瓦斯继电器

气体继电器又称瓦斯继电器，是内部故障的一种基本保护，是利用变压器内故障时产生的热油流和热气流推动继电器动作的元件，是变压器的保护元件；瓦斯继电器装在变压器的油枕和油箱之间的管道内；如果充油的变压器内部发生放电故障，放电电弧使变压器油发生分解，产生甲烷、乙炔、氢气、一氧化碳、二氧化碳、乙烯、乙烷等多种特征气体，故障越严重，气体的量越大，这些气体产生后从变压器内部上升到上部的油枕的过程中，流经瓦斯继电器；若气体量较少，则气体在瓦斯继电器内聚积，使浮子下降，使继电器的常开接点闭合，作用于轻瓦斯保护发出警告信号；若气体量很大，油气通过瓦斯继电器快速冲出，推动瓦斯继电器内挡扳动作，使另一组常开接点闭合，重瓦斯则直接启动继电保护跳闸，断开断路器，切除故障变压器。有时刚投入的变压器通电后，油受热使油中溶解的气体上升，及其他一些因发热产生的气体也可以使瓦斯继电器误动作。FJ3-80 型瓦斯继电器结构图如图 17-20 所示，瓦斯继电器在变压器上的安装示意图如图 17-21 所示。

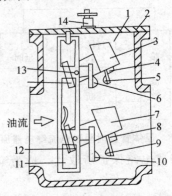

**图 17-20　FJ3-80 型瓦斯继电器结构图**

1—容器；2—盖板；3—上油杯；4、8—永久磁铁；5—上动触点；

6—上静触点；7—下油杯；9—下动触点；10—下静触点；11—支架；

12—下油杯平衡锤；13—上油杯转轴；14—放气阀

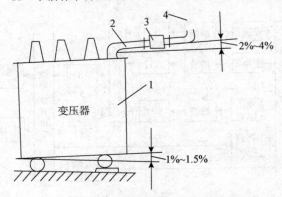

**图 17-21　瓦斯继电器在变压器上的安装示意图**

1—变压器油箱；2—联通管；3—瓦斯继电器；4—油枕

### 17.3.3   电流保护的接线方式

电流保护的接线方式是指保护装置中电流继电器与电流互感器二次线圈之间的连接方式。常用的接线方式有三种：完全星形接线，如图 17-22（a）所示；不完全星形接线，如图 17-22（b）所示；两相电流差接线，如图 17-22（c）所示。

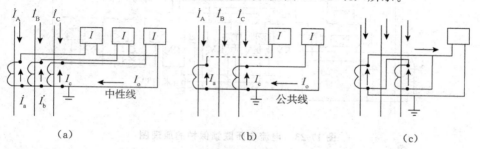

**图 17-22   电流保护的接线方式**

（a）完全星形接线；（b）不完全星形接线；（c）两相电流差接线

各种接线方式在应用时，根据各接线方式的性能情况，完全星形接线方式能保护任何相间短路和单相接地短路。不完全星形和两相电流差接线方式能保护各种相间短路，但在没有装设电流互感器的一相（B相）发生单相接地短路时，保护装置不会动作。

对小接地电流电网，采用完全星形和不完全星形两种接线方式时，各有利弊，但考虑到不完全星形接线方式节省设备和平行线路上不同相两点接地的机率较高，故多采用不完全星形接线方式。

当保护范围内接有 Y、d 接线的变压器时，为提高对两相短路保护的灵敏度，可以采用两相三继电器的接线方式，如图 17-23 所示。接在公共线上的继电器，即反应 B 相电流。

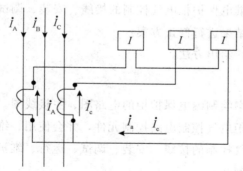

**图 17-23   两相三继电器接线**

对于大接地电流电网，为适应单相接地短路保护的需要，应采用完全星形接线。

### 17.3.4   电网相间短路的电流电压保护

输配电线路发生相间短路故障时的主要特点是线路上电流突然增大，同时故障相间的电压降低。利用这些特点可以构成电流电压保护。这种保护方式分为：有时限

（定时限或反时限）的过流保护；无时限或有时限的电流速断保护；三段式电流保护；电流电压联锁保护等。电流电压联锁保护的原理图如图 17-24 所示。

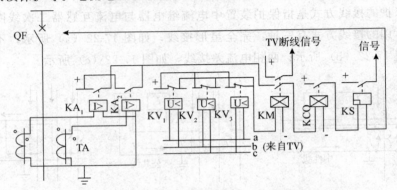

图 17-23　电流电压联锁保护的原理图

# 17.4　项目实施

### 1. 讨论并确定实施方案

任务：设计 10kV 电力线路的继电保护电路，并绘制出继电保护的原理图。

（1）组织学生分组讨论，形成若干种方案。

（2）各组代表发言表述该组的设计方案，组织全体学生共同探讨该组方案的可行性、可靠性、经济性。

（3）点评各组方案的优缺点，解决该项目。

（4）帮助学生理解继电保护柜工作原理。

（5）帮助学生理解继电保护柜电气控制的接线、安装、调试、运行、维护、保养。

（6）各组根据讨论结果进行修正方案。

（7）绘出主接线图，给出方法。

### 2. 方案实施过程

（1）依据自己的方案绘制继电保护柜的电路图、主接线图。

（2）选择继电保护柜电气控制电路控制元件，并会使用、维修。

（3）继电保护柜电气控制的接线、安装、调试、运行、维护、保养。

### 3. 项目完成效果评价

（1）组织全体学生共同分享各组项目成果。

（2）选择观测点：看是否完成项目功能要求，查找原因。

（3）对方案的合理性、可靠性进行评价。

（4）抛出教师方案，引导学生进一步理解解决该方案的方法和技巧，让其再次修正自己的方案。

## 17.5　知识拓展

### 17.5.1　新型智能变电站继电保护

#### 1. 合并单元

在智能变电站中，同一电气间隔内，将电流/电压互感器输出的电流、电压，共同接入一个称为"合并单元"（MU）的设备，以数字量的形式送给保护、测控等二次设备。MU 的作用除了将互感器输出的电流、电压信号合并，输出同步采样数据。还为互感器提供统一的输出接口，使不同类型的电子式互感器与不同类型的二次设备之间能够互相通信。MU 的数字量输出接口通常被称为 SV 接口，主要以光纤为主。

#### 2. 采样方式

常规保护装置采样方式是通过电缆直接接入常规互感器的二次侧电流、电压，保护装置自身完成对模拟量的采样和 A/D 转换。智能站数字化保护装置采样方式变为接受合并单元送来的采样值数字量，采样和 A/D 转换的过程实际上在合并单元中完成。也就是说对于保护装置而言，传统的采样过程变成了和合并单元的通信过程。所以对于智能站而言，采样的重点是采样数据传输的同步问题。保护装置从合并单元接受采样值数据，可以直接点对点连接（保护装置和合并单元通过光纤直接通信），这样的方式我们称之为"直采"；也可以经过 SV 网络（经过过程层交换机通信），这样的方式称之为"网采"。由于 SV 采样数据量较大（每秒 4000 个点），如果采用网采的方式对交换机的要求很高。考虑到采样的可靠性和快速性，《智能变电站继电保护技术规范》要求，继电保护应采用直采，这是重要的技术原则。

#### 3. 跳闸方式

智能终端（也叫智能操作箱）是断路器的智能控制装置。智能终端实现了断路器操作箱回路、操作箱继电器的数字化、智能化。除了输入、输出触点外，操作回路功能通过软件来实现，操作回路二次接线大大简化。断路器智能终端从收到跳合闸命令到出口动作时间不大于 7ms。断路器智能终端具备以下功能。

（1）接收保护装置跳合闸命令和测控装置的手合、手分命令。

（2）提供跳闸出口接点和合闸出口接点。220kV 以上的智能终端至少应提供两组分相跳闸接点和一组合闸接点。

（3）可以给保护、测控装置发送断路器、隔离开关、接地开关的位置、断路器本体信号等。

（4）防跳功能、跳合闸自保持、控制回路断线监视、跳合闸压力闭锁等功能。

（5）智能终端的告警信号可通过 GOOSE 口上送。

（6）具备对时功能和事件报文记录功能。

对于 220kV 及以上电压等级的继电保护有双重化配置要求：两套保护的电压、电流采样分别取自相互独立的合并单元；两套保护的跳闸回路应与两套智能终端分别一一对应；两套智能终端与断路器的两个跳闸线圈分别一一对应。

跳闸方式断路器智能终端的出现改变了断路器的操作方式。常规保护装置采用电路板上的出口继电器经电缆直接连接到断路器操作回路实现跳闸；智能站数字化保护装置则通过通过光纤接口接入到断路器智能终端实现跳合闸。保护装置之间的闭锁、启动信号也有常规站的硬接点、电缆连接改为通过光纤、网络交换机来传递。保护装置向智能终端发送跳闸命令，可以直接点对点连接（保护装置和智能终端通过光纤直接通信），这样的方式我们称之为"直跳"；也可以经过 GOOSE 网络（经过过程层交换机通信），这样的方式称之为"网跳"。

因为 GOOSE 报文是事件驱动的，所以数据量要比 SV 报文小很多。不过同样考虑到跳闸的可靠性和快速性，《智能变电站继电保护技术规范》要求，对于但间隔的保护应采用直跳方式，涉及多间隔的保护（母线保护）宜采用直跳，如确有必要，在满足可靠性和快速性的要求的情况下可以采用网跳。

### 4. 二次回路合并单元

智能终端的应用实现了采样与跳闸的数字化，从整体上促进了变电站二次回路的光纤化和网络化。传统站的硬接点也变为通过光纤、交换机传递。这样的改变大大简化了传统站的二次回路的复杂程度，提高了抗干扰能力。而且通过一些列的 SV/GOOSE 断链信号实现了二次回路状态的在线监测。装置构成数字化保护装置电流、电压采样通过 SV 接口实现；开关量输出（跳合闸命令、闭锁信号输出、启动信号输出）和开关量输入（闭锁、启动）通过 GOOSE 接口实现。这样装置通信接口数量大大增加，而且多为光纤接口，发热量大，为装置设计带来了困难。因此提出了保护装置独立分散、就地安装。

保护装置中央处理和输出、输入分散在多台装置中实现。当前智能站中保护装置就地安装的不多，通常是将智能终端、合并单元等二次设备就地安装在断路器附近的智能控制柜内。智能控制柜具备空调等环境调节功能，尽量为二次设备提供较好的的运行环境。不过考虑到室外环境恶劣，为减少设备故障率，智能终端、合并单元一般不配备显示屏。

通过上面的介绍可以看出，智能站数字化继电保护在保护原理上与传统继电保护差别并不大，主要是在一次、二次设备的功能定位进行了新的划分，通信手段进行了改变。

## 17.5.2 微机保护

微机保护是由高集成度、总线不出芯片单片机、高精度电流电压互感器、高绝缘强度出口中间继电器、高可靠开关电源模块等部件组成。微机保护装置主要作为 110kV 及以下电压等级的发电厂、变电站、配电站等，也可作为部分 70V ~ 220V 之间电压等级中系统的电压电流的保护及测控。

### 1. 微机保护的组成

微机保护是由高集成度、总线不出芯片单片机、高精度电流电压互感器、高绝缘强度出口中间继电器、高可靠开关电源模块等部件组成。

### 2. 微机保护的特点

微机保护的优点有：体积超薄、功能强大、工艺精良、外形美观、性价比高。微机保护装置除了具有上述微机保护的优点之外，与同类产品比较具有以下特点。

（1）微机保护装置，品种特别齐全，可以满足各种类型变配电站的各种设备的各种保护要求，这就给变配电站设计及计算机联网提供了很大方便。

（2）硬件采用最新的芯片提高了技术上的先进性，CPU 采用 80C196KB，测量为 14 位 A/D 转换，模拟量输入回路多达 24 路，采到的数据用 DSP 信号处理芯片进行处理，利用高速傅氏变换，得到基波到 8 次的谐波，特殊的软件自动校正，确保了测量的高精度。利用双口 RAM 与 CPU 变换数据，就构成一个多 CPU 系统，通信采用 CAN 总线。具有通信速率高（可达 100MHz，一般运行在 80 或 60MHz）抗干扰能力强等特点。通过键盘与液晶显示单元可以方便的进行现场观察与各种保护方式与保护参数的设定。

（3）硬件设计在供电电源、模拟量输入、开关量输入与输出、通信接口等采用了特殊的隔离与抗干扰措施，抗干扰能力强，除集中组屏外，可以直接安装于开关柜上。

（4）软件功能丰富，除完成各种测量与保护功能外，通过与上位处理计算机配合，可以完成故障录波（1s 高速故障记录与 9s 故障动态记录）、谐波分析与小电流接地选线等功能。

（5）可选用 RS232 和 CAN 通信方式，支持多种远动传输规约，方便与各种计算机管理系统联网。

（6）采用宽温带背景 240×128 大屏幕 LCD 液晶显示器，操作方便、显示美观。

（7）集成度高、体积小、质量轻，便于集中组屏安装和分散安装于开关柜上。

### ⚡ 项目小结

本项目主要讲述了继电保护柜电气控制分析、接线、安装、调试、运行、维护、保养。通过本项目的学习，应掌握继电保护柜的接线，对一般现场故障会查找并排除；会应用所学知识分析其控制线路，根据控制要求设计电气控制线路；能够进行各种保护装置的选择；掌握继电保护柜的操作及维修。

### ⚡ 项目练习

（1）简述继电保护装置工作原理。

（2）绘制相间保护电路原理图。

（3）常用的电流保护的接线方式有哪些？

（4）常用的电压保护元件有哪些？

（5）常用的电流保护元件有哪些？

# 参考文献

[1] 周乐挺，王俊伟. 工厂供配电技术 [M]. 北京：高等教育出版社. 2014.

[2] 田淑珍. 工厂供配电技术及技能训练 [M]. 北京：机械工业出版社. 2015.

[3] 崔红，高有清. 供配电技术 [M]. 北京：北京邮电大学出版社. 2015.

[4] 朱用迪. 电气控制与 PLC 技术. [M]. 北京：航空工业出版社. 2018.

[5] 李艳. 电子测量与仪器使用 [M]. 北京：邮电大学出版社. 2011.

[6] 夏继军. 电子技术 [M]. 北京：北京邮电大学出版社. 2015.

[7] 刘峰，田宝森. 低压供配电实用技术 [M]. 北京：中国电力出版社. 2011.

[8] 刘介才. 工厂供电 [M]. 北京：机械工业出版社. 2015.

[9] 张志军. 电力内外线 [M]. 郑州：河南科学技术出版社. 2010.

[10] 沈柏民. 供配电技术与技能训练 [M]. 北京：电子工业出版社. 2013.